赚钱机器

[精华版]

已帮助**10万人**实现财务自由　最实用的管理**理财经典**

杜云生◆著

南方日报出版社

图书在版编目（CIP）数据

赚钱机器：精华版/杜云生著.—广州：南方日报出版社，2008.10
ISBN 978-7-80652-795-5

Ⅰ.赚… Ⅱ.杜…… Ⅲ.成功心理学——通俗读物 Ⅳ.B848.4-49

中国版本图书馆CIP数据核字(2008)第157044号

赚钱机器(精华版)

著　　者：杜云生
责任编辑：刘志一
E-mail：liuzhiyiliuzhiyi@sina.com
出版发行：南方日报出版社
地　　址：广州市广州大道中289号
电　　话：（020）87373998-8502
经　　销：全国新华书店
印　　刷：广州培基印刷镭射分色有限公司
开　　本：787mm×1092mm　1/16
印　　张：11
字　　数：280千字
版　　次：2008年11月第1版
印　　次：2008年11月第1次印刷
定　　价：38.00元

投稿热线：（020）87373998-8503　读者热线：（020）87373998-8502
网址：http://www.nanfangdaily.com.cn/press　http://www.southcn.com/ebook

推荐序

这是一本教您赚钱的书，是一本教您管理的书，是一本充满智慧而又实用的书。

当然，有很多人是凭借自己的勤奋和汗水走向富裕的，这固然很好；但本书有一条通往富裕的捷径，这毕竟也是一件令人愉悦的事情。

书的作者——亚洲创富教育第一任导师杜云生，把自己丰富的实践经验和精辟的赚钱秘诀写进本书，已经有很多人读过杜云生的书而轻松致富，他的部分学员也已经荣登中国富豪榜，可谓硕果累累，桃李满园。

有人停止工作就停止收入，就无法生存，有人停止工作，仍然可以过想要的生活，这是因为他拥有了属于自己的赚钱机器。因为本书教会了您做后者，所以它赢得了众多热心的读者。

我作为方普文化董事长，是本书的忠实读者，也是本书的受益者，这些年来，我深刻体会到亲自探索是最昂贵的投资，直接学习是最实惠的投资，所以，亲爱的读者，我真诚地向您推荐本书，当您拿起这本《赚钱机器》的时候，我为您感到庆幸！

伟大的书籍总是有着磐石般的厚重和磁场般的魅力，总能带给您价值不菲的启迪。您的致富之路、成功之路，从您翻开本书的扉页开始，财富之流将如浪潮般向您涌来——不可抗拒！

于艾平

2008年10月10日

自 序

世界上，为什么有人穷？为什么有人富？

这些年来，我一直在研究这个问题，我不断地学习、思考、探索、总结。

有很多人向我诉说他们的梦想和渴望，要求我给予他们一些方法去脱离贫穷，创造财富。在我27岁获得财务自由的那一年，我做了一个决定：我要创造出世界上最有效的创富教育，教会中国6000万人取得财务自由，并创造10亿元的捐款，我要以最短的时间帮助世界上最多的人创造财富，协助人们提早实现财富自由！后来，这个决定就成了我的目标和使命。

我向世界第一财商大师罗伯特·清崎学习，向世界第一推销大师乔·吉拉德学习，向世界最伟大的销售培训大师汤姆·霍普金斯学习，向世界第一潜能大师安东尼·罗宾学习，我用超过16年以上的时间，研究100位以上亿万富翁的创富模式，开发出一套系统的教育课程，包括销售、说服、行销、理财、谈判、领导力、公众演说等领域，我已经直接帮助10万人获得财务的自由和命运的改变！

在研究过程中，我有多次重大的失败经验，也有多次奇迹般的成功经验。

有人称我为“富人的导师”，有人说我是“财务自由的终极教练”，其实这些都是虚名，真正让我欣慰的是一个个真实的故事。

在我的学员中，有月薪800元的人成为千万富豪；有人600元起家，最终成为中国百大富豪；有人从奥运金牌的舞台上退役而成为健康产业的企业主。而我自己，也因为我的思想和行动，从一个穷得无家可归的人成为连锁教育的企业主。

秉持着我的使命，我编写了这本《赚钱机器》，我把我的致富经验和理论都写进了本书，我希望能为更多的人和企业提供参考和帮助。

感谢方普文化传播公司和南方日报出版社对本书的出版所做的努力！

杜云生

2008年10月10日

目　录

CONTENTS

Money Machine
Money Machine

个人篇

第一章　从贫穷走向富有

第二章　在赚钱的道路上只有四种人

第三章　赚钱机器就在身边

第四章　精心打造自己的赚钱机器

第五章　如何实现财务自由

第一章　从贫穷走向富有

第一节　我的致富之路

在25岁以前，我从东到西，从南到北，四处巡回演讲，被各大企业团体邀请出场讲话。我发现自己有一种独特的天才和能力，就是擅长总结已经在全世界被证实有效的方法和经验，然后分享给那些需要帮助的人。

在25岁的时候，我创办了我人生中的第一家教育培训公司，专门提供各式各样的个人成长讲座，包括开发潜力、公众演讲、增强说服力、增进销售技巧等各方面的商业课程和个人课程。我记得我创业不到六个月，个人收入就超过了七位数字。我很感谢在我25岁以前所有指导过我的老师——他们包括世界上最顶尖的推销员、吉尼斯世界纪录保持者、世界上各行各业白手起家的亿万富翁以及世界第一名的演说家，他们给我的教育，让我在25岁就能获得月收入达到七位数字以上的成绩。

我曾经问过父亲一句话，我说爸爸，怎样才可以让我在25岁以前赚到500万元？当时父亲笑我神经病，他说不可能。

于是我在全世界到处上课和学习，每年阅读三四百本不同的书籍，拜世界上最优秀的老师为师。这100多位大师对我的指导，让我终于在父亲面前扬眉吐气，在创业不到一年的时间里，就实现了这个当初跟父亲许下的诺言，赚到了人生中的第一个500万元。当时我非常开心，我到处去演讲，可以获得高昂的出场费，我去企业对企业家讲话，他们要付我咨询费，我在很小的年纪、很差的背景以及毫无人际关系的情况下，就获得了这样的成就。我当时感觉自己真的很了不起。

但是没多久就出现了一个人，这个人，改变了我的后半生。

当时我看了一本书，名字叫《富爸爸，穷爸爸》。我相信有很多人都看过这本书，但是有的人看看封面和封底就不看了，有的人看完第一本就没有再去看第二本，有的人即使每一本都看完了，也不一定照着里面的内容去做。但是我看完作者罗伯特·清崎的理论之后，彻底被震撼了。我不仅看完了他所有的书籍，购买了他所有的教材和光碟，甚至还去参加他的课程，并把他英文版本的知识全部翻译成中文。在我25岁那年，我彻底学习了清崎先生所有关于财商教育的精髓。

这些财商教育课程让我明白，富人即使在不工作的时候，依然可以有源源不断的收入，所以即使他停止工作，依然可以生存很长的时间，甚至一辈子。而一般人不能停止工作，因为一旦停止工作就意味着停止收入，于是他只有不停地运转，不停地努力赚钱，来支付他庞大的开销。就算他再会赚钱，但是他不会用钱和别人去赚钱，他只会用自己去赚钱，他没有保留下钱去为他生钱，他没有创造出团队、创造出系统、创造出资产去为他生钱，所以他一直不停地做，不停地运转，把自己变成赚钱的机器。但是富人懂得在退休之前，打造出无数台为他赚钱的机器，所以在他不工作的时候，依然能够生存很长的时间。

于是，我决定完全按照我的老师清崎先生和我分享的原则，去改善我的企业。

清崎先生说，你必须让自己即使人不在场，你的企业依然能够运作得很好，不是你为企业工作，而应该让企业来为你工作。

我本来每个月大量地开班授课，后来就变成了将我的课程变成系列的教材，全世界想要学我课程的人，可以把教材买回家自己学，这叫做打造赚钱机器。我将我的课程放到互联网上，我的学员可以在网上学习，而我不用再去为这些课程而工作，因为网站替我24小时不停地工作，这叫打造赚钱机器。

清崎先生说，你的企业赚来的钱，要投入房地产中，房子买下来不要自己住在里面，也不要卖掉，要租给别人住。我照着他的话做了，于是我的房子在帮我赚钱，我的企业也在帮我赚钱。他说你赚来的钱，要再投资别人的企业，当一个投资者。于是我投资别人的美容企业，我投资别人的保健品企业，然后我发现别人在赚钱，而我不需要为他去工作，就可以获得这些收入的一部分。

我从25岁开始转型，一直到27岁，完全依照这一套财商教育的原则去改善我的生活。我在27岁那年发现了一件事情，我已经完全可以不用再去做任何工作了，因为我的钱在赚钱养我，我的股票在赚钱养我，我的房子在赚钱养我，我的企业在赚钱养我，我所投资的种种生意，它们所带给我的收入，已经可以跟我25岁的时候不停工作所赚到的钱一样多，也就是说我不用做任何事，也可以过着跟原来一样的理想生活。

于是在27岁那一年我做了一个决定，叫做退休。有人说我是所有同行中最早退休的，最年轻退休的。也许是的。我什么事都不做了，每天不是去购物就是去健身，或者去游泳，睡觉睡到自然醒，带家人到处旅游。

就这样过了半年，我突然产生了一些不一样的想法：我虽然获得了财务上的成功——不用工作也能过我想过的富裕生活，可是时间还是应该用于最有责任感、使命感的事情——也就是帮助他人致富，不应该浪费上天给我的才智和天赋。

于是我在28岁的时候，再度出来演讲。从东到西，从南到北，到现在为止，我依然在四处开班授课。但我从来不从我的演讲中获得一分钱的个人收入，因为我不是赚钱机器，我要打造赚钱机器，并不是我做慈善事业，而是每一分创造出来的收入是我的企业收入，我的企业不用付给我任何一分钱的工资，我的企业将来有更多的现金去创造资产。这些资产，会在我将来不演讲的时候依然能够赚钱养活我，在我不工作的时候，这一家教育企业，依然能够提供给别人源源不断地创造财富的教育，这就是我现在不为我的演讲获得一分钱收入的最主要的原因，我要打造一台更庞大的赚钱机器。

第二节　金钱和时间

我很推崇罗伯特·清崎先生带给我的财商教育。

在一次演讲中，他说你们知不知道什么叫“富有”？我说知道，我一个月收入可以超过百万，我就是有钱人。他说：“错！富有并不是以收入来计算的，富有也不是以金钱来计算的。”当时我吓了一跳，富有不是以收入来计算，富有不是以金钱来计算，那到底是以什么来计算？他说：“富有是以时间来计算的。”

富有是以时间来计算的？我当时还从来没有听到过这种说法。清崎先生说，富有就是你停止工作时，你能生存并仍然维持你的生活标准的天数。这个时间的长短，说明了你是富人还是穷人。有些人从现在开始停止工作，可能只能生存一个月，他的富有程度就是一个月；有些人从现在开始停止工作，可以生存一年，他的富有程度就是一年；有些人只能生活三天，那么他的富有程度就是三天。

那么清崎先生和他的太太如果从现在开始停止工作的话，能生活多长时间？

清崎先生47岁的时候退休，在全世界他所购买的房地产中，每年流进他账户的房租收入，就有200万美金。即使每年什么事都不用做，也有200万美金的净收入。他创办了5家公司，其中有3家倒闭，2家上市成功，他是上市公司的董事，他不用工作，每年他的公司要付给他庞大的利息。他出了一本书叫《富爸爸，穷爸爸》，他写书工作一次，然后这本书在全世界畅销超过1亿本，如果一本书付他一块钱美金的话，他不用做任何事，就可以净赚1亿美金。

清崎先生和他的太太不工作能生活多久呢？答案是一辈子，假如经济不发生巨大变化的话。

清崎先生的这个观点把我点醒了：“杜云生，你虽然收入很高，但停止工作后你能生存多久呢？”

如果不出来给公司开会，不出来进行演讲，不出来给客户做咨询，能生活五到十年就不错了，停止工作我不能生活一辈子，所以我还不是一个富有的人。

当时我就想，如果我能跟清崎先生一样，拥有富裕的生活，那该有多好！想什么时候睡就什么时候睡，想什么时候醒就什么时候醒，想去哪里就去哪里，想吃什么就吃什么，想工作就工作，不想工作就不工作。这就是自由。有人能过这样的生活是因为他获得了财务上的自由，所以他有时间上的自由，他更有心灵上的自由。

从那一刻开始，我严格执行他的观念，在房地产、有价证券、企业等方面投资理财。

几年以后，当有学员问我：“杜老师，请问您教别人创富，那您富有吗？如果不工作，您能生活多长时间？”我的回答是：“我很富有，假如现在开始不工作的话，我能生活一辈子。”

当你不再为钱烦恼，不用工作就能过上理想生活的时候，那你还会做什么工作呢？答案是，做你喜欢的工作，做让你最有满足感和成就感的工作。那时工作将变成你的娱乐，比如现在的我。

然而，很多人在不停努力赚钱的过程中，却发现他没有时间享用他的财富，没有时间与家人相处，没有时间去国外旅游，也无法离开他的企业，更离不开他的工作。工作到最后反而成了一种束缚，失去了自己的时间与自由。

所以，你要仔细想清楚这个很容易遮住心灵的问题。

心灵被遮住，便看不到赚钱背后的真正原因。

赚钱是为了有更多的时间，以便享受更有价值的人生，包括与家人相聚，获得更多的自由，做自己想做的事情，去自

己想去的地方，获得更大的快乐。所以，时间除了可以用来赚钱外，还可以用来享受生活。

人们拿时间出来赚钱的真正目的，不是为了赚钱，而是为了得到更多的时间去享受生活。所以，我们要看全面一点，时间的价值不只是金钱，时间的价值是再多的金钱也买不到的，要用那些真正属于你的时间去做你最喜欢做的事情，这也是财务自由的标准之一。

因为只有当你在金钱上无后顾之忧、不用花时间去换取金钱的时候，你才能获得你一生真正的快乐。所以，一生的财富并不仅仅是钱而已，还包括了时间上的自由和心灵上的自由，这些东西加起来才算是真正的富有。

第三节　收入和被动收入

我是一个标准的工作狂，每天的日程从早排到晚。早晨我要给员工开会，开完会又要写书，写完书又要处理公司的行政事务，周末还要为很多企业和团队演讲。

在刚开始创业的时候，我在公司管理着上上下下所有的事情，几乎每天都从早上8：00忙到晚上12：00。为什么要工作到12：00呢？因为我当时住的地方晚上12：00电梯就停运了，所以有好几次还不得不爬楼梯回家。

我为什么这么努力地工作呢？无疑是为了高收入。

不断地开会让业绩提高，不断地演讲让更多的客户来听课，不断地出书来宣传我的课程，不断地进行培训让更多的人来买书。

我要获得更多的收入，一切都只是为了高收入！

后来，我的收入确实很高，但是从早到晚、一周七天都忙得不可开支。

虽然我很享受工作的快乐，但是坦白地讲，是高收入蒙蔽了心灵，看不到高收入的背后其实是为了获得更多的自由和时间，所以我也曾犯过上面所讲的一些错误，也存在过一些认识上的盲点。

我有一个很要好的亲戚，现在已经成了我的合作伙伴。他在美国留学多年，到上海后经常对我说，他喜欢在大企业拥有一份稳定的工作。

考高分——上大学——进大企业——拥有稳定收入，这种人生模式也就是前面所讲的用时间换收入。虽然获得了高收入，却没有时间去享受自由。

那么，他与我的差别在哪里呢？从时间上说，同样是花时间工作，我的时间是花在建立我的事业、我的赚钱机器上，他的时间则卖给了大企业；从收入方面讲，我的收入时高时低，他的收入持续稳定，但是除了一个叫做高收入，一个叫做稳定收入外，没有多大差别。

以前聊天时他经常说："杜云生，你为什么不去大企业找一份收入稳定的工作呢？你自己创业开公司，靠销售业绩决定你的收入，这样会不会太冒险了？"

但是有一天，他突然想到："我已经工作这么多年了，目的是什么？一旦失去工作该怎么办？能不能不工作也能赚到钱？”他开始有创业的想法了，意识到以前走的路并不是人生的唯一模式。于是，他尝试着做生意，走上了我的道路。

而我比较幸运的是，较早学到了做生意的方法和秘诀，没有去绕那一段弯路。

其实我想告诉大家的是，**高收入、稳定收入都不是最诱人的，真正诱人的是被动性的持续高收入。所谓被动性的持续高收入，也就是不需要再去操劳，或者再继续付出一点点时间，就可以获得的稳定收入**。

有一件事让我对被动性的持续高收入感受特别深：

有一次，我在新疆乌鲁木齐演讲，有将近800人听课。我当时讲的是销售技巧，销售需要好的方法和技巧，但更需要激情，所以我比谁都有激情。我演讲的时候有一个重要的任务，就是在结尾的时候做一个宣传，让大家都知道：在新疆我们将有更重要的培训班，希望有更多老总来参加。但是演讲到下午5：00的时候，我突然感觉到鼻子怪怪的，原来是流鼻血了。乌鲁木齐的气候非常干燥，不适应就很容易流鼻血，所以我不得不暂停演讲十分钟，赶紧去后台止血，再出来演讲。

由于还没有开始宣传就流鼻血了，所以当时心里想的不是鼻子的问题，而是耽误了时间会不会影响我们预定计划的执行结果。

这就是靠劳动获取收入的最大问题。因为每个人本身有太多的风险，当风险发生的时候，收入就会受影响或者因此而中断。

曾经有一次，我在广州开一个高层的谈判训练班，第一天还不到中午的时候，突然感觉身体不适，于是我就停止了讲课，告诉大家先休息吃午饭。大家觉得很奇怪，不到中午怎么就吃午饭了呢？可既然老师说吃午饭大家就照做了。我马上赶到医院，由于疼痛难忍，打了止疼针后做检查时才发现身体里面有几颗结石。演讲也从中午1：00一直耽搁到下午3：00。

这些经历让我明白：不能只靠个人劳动取得收入。

虽然我有非常远大的使命感和强烈的责任感，要将我所有的本事教给所有的创业者，要将创富教育传播给所有的学习者，帮助那些企业家获得更多、更大的成功，但是必须有很好的方法将这些传播出去，否则光靠我个人来进行演讲大家才能学到、我不讲大家就学不到的这样一套方法，不但难以真正教给全中国企业家真正的东西，而且我也不能做一个很好的示范。

所以，为什么需要一台赚钱机器？答案如下：

第一点，富有不是以金钱来计算的，而是以时间来计算的。

很有钱，但是没时间，你愿意吗？不愿意。因为你并不富有，也不自由。你真正想要的是能够过着自由自在的日子，想去哪里就去哪里，想同家人相聚就同家人相聚，而且没有任何财务上的后顾之忧。

你需要一台赚钱机器，那样才能让你获得真正的富有与自由。

第二点，时间有多值钱，时间能做什么？时间不只用来赚钱，还可以买到更多的时间。

投入时间换取金钱，然后再投入金钱换取更多的时间，让时间帮助你发挥人生最大的价值。真正在心灵、财务、时间上的自由能让你快乐，能让你与家人相聚，让你到想去的地方去，做想做的事情。

第三点，你需要持续性的被动收入，而且是高收入。

当你不需要做任何事情的时候还有收入、当你离开你的企业一年，企业还可以运转、当你出国度假一个月，回来后你的企业仍然帮你赚了很多钱，这样的情景让人向往吧？

也就是由于这三个原因，很多人来学习《赚钱机器》这门课程，本课程也帮助他们掌握如何从各个渠道去打造属于自己的赚钱机器的方法。

第四节　从贫穷走向富有

不同的选择决定了不同的命运。

如何从自己是一台赚钱机器，或者自己是他人的赚钱机器，演变成自己拥有赚钱机器呢？在多年对《赚钱机器》课程的传授当中，我自己不断地边分享、边体会，一边在实践我传授的打造赚钱机器的原则，一边在总结这些原则。我发现，一般人最难做到的就是两个字——改变。然而只有改变，才能打造出属于你自己的赚钱机器，使你获得有钱、有闲的人生。

第一，改变思想。

穷人穷思想，富人富理念。穷人和富人根本的差别就是思想的差别。有钱有闲和没钱也没闲的结果是怎样造成的呢？

思想和结果永远是一致的。有不同的想法，就会有不同的做法，就会产生不同的结果。下面我们研究一下穷人和富人在思想上的差别。

对于购买一件高档物品，一般人常常说：“这东西太贵了，我买不起！”富人的思想则是这样的：“这东西这么贵，我怎样才能买得起？”

对于人生规划，一般人会说："好好学习，考高分，找到好工作，平稳地度过一生。"富人的想法是："我要好好读书，上大学、创办企业，让别人为我工作。"

这两种人的差别就是，一个把时间卖给了别人，一个要让别人把时间卖给自己。"我只需要付出一点点的工资给他就可以了"，这个想法会让你尝试去变成大企业主，会让你尝试去打造赚钱机器。

无论遇到什么事情都先否定你自己，这些想法会封闭你的思想；遇到贵的东西时，你要让自己想方设法买得起，这样才可以开启你的思想。不同的想法必然会产生不同的结果。

一般人常常说："我要写一份好的简历。"富人则常说："要学会写一份好的创业计划书。"

一份好的简历让你成为雇员，一份好的创业计划书可以让他人为你投资赚钱，你可以雇佣很多人为你工作。

一般人常常说："金钱是万恶的根源。"富人会说："贫穷才是万恶的根源。"

一般人常常说："赚钱不容易。"富人常常说："赚钱很容易。"

一般人常常说："我不会赚钱，我没有能力赚钱。"富人常常说："我怎样才会有能力去赚钱？什么样的能力才能帮我赚到钱呢？"

一般人常常说："富人剥削穷人。"富人常常说："是穷人剥削自己，因为他有权利、有能力去为自己争取更好的人生，但是他们自己给自己找了个借口，剥削了自己的能力和权利，只能为钱而工作。"

我列举了这么多的例子，是想让你知道：穷人和富人在观念上是根本对立的，所以在行为上、结果上才会有如此大的差别。

该如何改变你自己呢？首先你要在思想上改变自己，要不是因为多年来我不断地接受世界级的培训，我怎么可能在思想上会有这么大的改变呢？所以，你也必须接受一些新思想，把那些旧观念统统改变。

第二，改变性格。

一个雇员的性格是比较保守，喜欢稳定。

一个成功的创业者则热爱挑战，愿意承担风险，不愿意平淡地过一生，即使遇到了风险，也能够忍受风险，东山再起。

一个自由职业者的性格是什么？爱挑战，不愿意平淡地过一生，追求高收入。他追求的是赚到大笔的钱。创业赚到的钱归自己所有，这导致他的企业不能够有效地运转和壮大，让他变成了自由职业者，成了有钱但没有时间的人。

我经常遇到一些非常有能力的销售高手、领导高手、演讲高手或者是企业界的一些高层次人士。他们经常讲的一句话就是“我是最棒的”，他们非常自信，这是优点，但也是缺点。

因为这种自信让他只相信自己，所以一切都离不开自己，于是他就变成了赚钱机器：有他时企业可以运转，没有他时企业就不能正常运转了。

而真正的企业主会说：“你是最棒的！你们是最棒的！”他让别人很自信，让别人很棒，因为他相信别人，所以他可以让别人取代自己，让别人为自己工作、为自己赚钱，这样他才有机会有钱、有闲，才有机会打造属于自己的赚钱机器。

我常听一些激励大师说，他要成为世界最棒的！他要成为世界第一名！但是，**真正的企业主宁可找世界第一名为他工作，宁可与世界第一名合作，宁可让员工变成第一名，也不要把自己变成第一名**。

我的一位朋友，是众多世界级大师的亚洲区经纪人，他不用亲自做任何工作，就可以让世界级的大师为他工作，他打造的赚钱机器比很多世界级的大师还要好。在教育培训行业当中，他可以说是一个真正的企业家，而不仅仅是优秀的个人而已。

培训师的收入一般都很高，但他永远要靠自己；真正的企业主不需要把自己激励成超人，他要把别人激励成超人，他要把超人请来为自己工作。

这是一种性格上的不同。

有些人认为自己的能力很强，并且越强越好，因此他要不断地提高自己的能力。

这是优点，偏偏也是缺点。正是能力强让你变成了赚钱机器，所有的人都要依靠你，没有你企业就无法运转下去，所以大家都靠你赚钱。因为你的能力太强了，所以你无法让他人取代你，你变成了小企业主。

真正的大企业主能力到底强不强呢？我的老师告诉我，他说："坦白地告诉你一个秘密，真正的亿万富翁都没什么能力。"

怎么会这样呢？我心里很纳闷。他要是没有能力，怎么会变成亿万富翁呢？他说："因为我没有能力去烧菜，所以没有人请我去烧菜；我不会做饭、洗衣服，所以没有人请我去做饭、洗衣服；我不会美容美发，所以没有人请我去做美容美发。**因为我没有什么能力，所以没有人请我做事，那么我就得雇佣有能力的人为我做事，大家都帮我做事，我就变成亿万富翁了**。"

这是一种多么有智慧的说法啊！让你的雇员有能力比自己有能力更重要，这就是大企业主的性格。

而小企业主这些“靠自己赚钱的机器们”会说：“我是完美主义者，什么事情都要做到最完美。”什么事情他都要做到最好，没他就不行，所以他就不会授权给别人做。这是这类人的优点，所以我们把他变成赚钱机器，给他付薪水。

会赚大钱的人都不是完美主义者，不一定事事都做得完美，要容忍犯错、欢迎犯错、鼓励犯错，因为他知道别人在犯错的时候，就是学到东西的时候。当他有这种想法的时候，他就让别人去做。最后，经历了无数次犯错的人所打造出来的企业正常地工作起来，这个企业家就真正地撤出来了。

有一次，一位总经理在开会的时候，发现一名员工给公司谈的一笔生意令公司损失了100万元，于是他把这个员工叫进办公室。本来这个员工很害怕，以为要开除他了，但老板却对他说：“你用不着辞职，我也不会开除你。”

员工很疑惑，问：“我刚刚使公司损失了100万元，你为什么不开除我呢？”老板说：“我刚刚交了100万元的培训费，让你学会了一课，以后不会再犯这个错误了，我刚给你付了学费，你竟然要走吗？你应该继续为我工作才对啊！”

真正的企业主鼓励犯错的人，因为他知道犯错是学习的过程。

很多自由职业者、推销员、老板都很努力，他们凡事都要亲力亲为。这种性格很好，但也是缺点。因为太努力了，所以所有的事情都是自己做，自己就无法从中抽身。

真正的企业主为什么既有钱又有闲？因为他们打心里就不想努力，就像一般人所说的“比较爱偷懒”，所以，有点懒的老板什么事情都让别人做，别人有机会不断地锻炼、提升自己，不断地承担更重大的责任，而且仍旧愿意为老板工作。

因此，要在性格上有所改变，即使是为了做一个有钱、有闲的人而改变一切，也不要维持现状不去改变而永远做一个会赚钱但没有时间的人。

第三，改变做事的目的。

同样是在做事情，小企业主的目的是为了赚钱，大企业主的目的则是为了打造赚钱机器。

世界上的事情我常常把它分成两类：

第一类，叫做有累积性的事情。

第二类，叫做没有累积性的事情。

一个出租车司机，他开了20年车后，起步费还是和第一天出来工作的出租车司机一样。这20年的工作没有让他在收入上有任何的累积性，不会因为他的工龄很长、开车技术很高、街道熟悉程度高，而比别人的收入高20倍，每一个客户从上车到下车都与他无关。这叫没有累积性的工作。

我记得有一本书叫做《逆风飞飏》，作者吴士宏被称为“中国最高薪的打工皇后”。她最初的工作是在IBM做销售人员，一路升到销售副总，微软公司进入中国后挖她去做销售管理，TCL公司又挖她去做销售管理。

吴士宏是一个雇员，但只是一个高级雇员而已，是赚钱工具里的一个比较大的螺丝钉。连她自己也承认，当一个打工者毫无累积性。

作为一名雇员，当你离开公司的时候你创造的一切资源都不能带走，它全部属于你所在的企业。

我在努力工作，每一分、每一秒只做有累积性的事情。

就像大家所看到的这本书，它可以在每一个读者手中传播我的思想，而我不用额外去做其他的工作。

写书只工作一次，却可以收获成千上万的工作，发挥成千上万次的影响力，这叫做有累积性的工作。

我从25岁开始创业的时候，每一天都要和我的员工开早会，培训他们。由于我有很好的培训才能，所以几乎没有一个人可以代替我的早课工作。

当我知道什么叫做有累积性的工作之后，我就把早课全都拍成了VCD。这同样能够培训员工，而且变得更有累积性了，因为当我拍完一次VCD之后就不用再重复做同样的事情了，这些

VCD可以帮我工作，而且可以在不同的分公司培训我的员工。

这也是有累积性的工作。

做事情的目的一旦明确，做事的方法就不一样了。

你的工作是创作一台赚钱机器，你工作的目的是为了以后不用工作，获得自由。

当然，在你获得自由之后未必就会停止工作。例如，你现在还在工作，但是当你成功之后，你就不会为了钱而做你不喜欢做的工作，你会去做你真正喜欢的工作，这就是获得自由的好处。

第四，改变朋友圈。

我同以前的朋友谈话时，如果他们是雇员，他们就会常常同我谈起他们要去另外一家公司面试，可以有更高的收入、更好的福利；他们之间在一起时则会讨论自己的休假、劳保、退休金……

如果你整天和这些朋友在一起，你很容易有和他们一样的思想，比工资、比福利、比待遇。

我也有很多小企业主、销售高手、自由职业家、专家类的朋友，他们在一起总是在说：我们公司给的提成比较高，我的业绩比从前更好了，我的行程表又排满了，我的出场费又增加了……

如果你总是和这些靠自己赚钱的小企业主在一起，你的思想就会变得和他们一样，变不成大企业主或投资者。

记得有一次，我和一个朋友吃饭。他是一名拥有3000多名员工的大企业主。我问他用什么方法留住了这么多的员工，难道不怕薪水发得太多企业倒闭吗？他却对我说："我雇佣的人越多，我的收入就越高。"

我问他："你是用什么方法留住人才的呢？"他同我一起分享了他的财务顾问设计的薪资方法，这套薪资方法可以留住任何员工，让员工工作的时间越来越长、业绩越来越好、完全不想离开公司。他设计了一个很好的薪资系统，给员工戴上了"金手铐"。

我学会这个方法后，立即把它用到了我自己公司的管理上，发现效果非常好。这就是与大企业主交往所能学到的东西。

我同很多这样的大企业主谈话，他们总是在说："最近又聘请了一个总经理，又成功拓展了三个分公司，公司准备融资了，公司在银行贷到款了，公司在三年之后就可以上市了……"

大企业主们在一起谈的是大企业主之间听得懂的经营管理经验，如果你不交这样的朋友，怎么能学到这样的思想呢？又怎么能变成这样的人呢？

如果你永远和现在的朋友在一起，你就永远学不到另外一个世界的人们在谈论的事情；如果你只会拿着简历去应征工作，你将永远不会明白：为什么那些审查你的老总能够坐在桌子的另一端。

我的父亲在我十几岁的时候常常问我："你为什么要做没有保障的销售工作呢？你为什么要在外面创业？那样风险有多大啊？你为什么不去找份稳定的工作呢？"

当时，我在想，我去找工作，为什么老板不去找工作呢？如果我去找工作，那老板就可以不用去找工作了，因为我为他工作、替他赚钱，这样一来，他就不用工作了。

当时我不敢把这样的话告诉父亲，但是在心底我却告诉自己，我要学的是坐在桌子另外一端的老板怎样去面试人才、怎样去选拔人才、怎样去培训人才、怎样去激励人才、怎样让人才为自己做事情。

正是这样的思想让我接触到了这样的人，让我学到了这样的知识。而且我也做到了这样的事情。

我同我的亿万富翁朋友在一起的时候，他们常常谈论有多少资金在股市里面，只要打一通电话，让别人买进股票，一个抉择就能够赚50万元之类的话；也会说，他聘用了五个助手，让他们在股市里比赛，看谁滚的钱最多。

我同投资者在一起谈论相关话题的时候能学到投资赚钱的方法，他们常常在讲他们的投资回报率是多少、他们的贷款是多么的容易、他们是用什么方法能让自己的钱变得更多之类的话。

一般人不容易学到的知识，在同这些人接触的时候都可以学到。

看看你周围的朋友，他们有多少人是真正的大企业主、投资者？有多少人不靠自己亲自工作就能过着理想的生活？这些人的收入来源都不是靠自己！现在，你找到你为什么不是大企业主的原因了吗？

第五，接受新的教育。

我在讲授《赚钱机器》课程的时候，经常问大家："你们想要当左边的雇员、自由职业者，还是想当右边的大企业主、投资者呢？"他们说："当然是右边了。"

大部分人在左边，他们很想到右边去。可为什么一直还在左边呢？答案大多是自己能力不足、方法不对、不敢冒险之类。

但是我的看法是：不对！

真正的根源不是这些，他们很好奇地问我："那是什么原因？"

我说："大多数的人都想要有钱、有闲、打造赚钱机器，可却都还在当别人赚钱机器的螺丝钉，或者把自己当成赚钱机器。"

这些雇员和小企业主的问题究竟出在哪里呢？归根结底是从小到大的教育造成的。

大部分人从小到大接受的教育，都是要好好读书、将来考上大学、找到好工作。

学英语是要当翻译，学财务是要当会计，学人力资源是要当公司的人力资源主管，学电脑是为了打字或别的什么，学法律是要当别人的法律顾问，却都不是为了创造自己的企业，为自己打造赚钱机器让别人来为自己工作。

这种思考模式在以前是对的，可却不一定适应现在这个时代。我从来没有听说过哪个学校教什么叫做创业精神、什么叫做冒险精神、什么叫做领导、什么叫做打造企业的规则；从来没有一个学校教你如何让别人为你工作，因为那些教授也是雇员或者自由职业者，也是领取固定薪水的人。

有些教授没有开过公司，没有冒过风险，没有尝试过给员工发薪水的责任感，没有打造赚钱机器的经验。那么，他们又怎么能教你如何打造赚钱机器呢？

没有人能教你他没有做过的事情，即使社会上有很多的教育培训课程，教你管理一个企业、教你执行力，可是都有可能只是教你做一个高级的管理者。

在我所创办的教育培训机构中，每次培训时都会不断地教你如何打造赚钱机器，我聘请的讲师或者是我自己都要求具有充分的实战经验，必须拥有赚钱机器。没有实战经验的人是教不会你真正的创富经验的，我相信这么简单的道理大家都会明白。

所以，我时常问我的学员："你从小到大接受了十多年学校里的教育，你现在还愿意再用十多年的时候去接受一套打造赚钱机器的教育吗？花十年的时候学会这套方法，以后的你就可以赚更多的钱而不用再花你的时间，你愿不愿意呢？"

大部分人的回答都是："我愿意！"但还是只有少部分的人来报名参加创富教育的培训。因为他们觉得在学校学的东西已经很多了，已经可以赚到生活费来满足他们的生活了。

如果你花了十几年的时间学了那么多的东西，最后要用这些方法去做不相干的事情，那是不合理的，成功的可能性也是极小的，因为要变成什么样的人就要接受什么样的教育。因为接受什么样的教育就会有什么样的思想，就将产生什么样的做法，就有什么样的结果。

雇员有雇员的教育，自由职业者有自由职业者的教育，大企业主有大企业主的教育，投资者有投资者的教育。

如果你真的想接受一套创富教育，真的下决心要打造自己的赚钱机器，过上有钱、有闲的生活，请你立刻去寻找可以帮助你的培训课程，而不要只是满足于你已经拥有的知识与现状。

想要创业当老板，想要投资当投资顾问，想要把企业变大，从企业中撤出来，你就要接受新的创富教育。

第二章　在赚钱的道路上只有四种人

第一节　走进四种人

第一种人，雇员。

什么叫雇员呢？上班下班上班下班，上班要打一个卡，下班要打一个卡，大家想一下，一“上”一“下”加起来是个什么字？答对了，就是“卡”字，时间不自由，收入受限制，上班老板骂，下班骂老板，早上8点关进去，下午5点放出来，一个月两三千，吃也吃不饱，饿也饿不死，把时间便宜地卖给老板了，所以没有时间也没什么钱。

如果你是雇员，而且是一个大企业的雇员的话，那么，你人生最标准的模式就是上学——考高分——上好大学——找到好工作。就这样，在大企业里工作一辈子，过着每个月领薪水、每年领年终奖以及退休后领退休金的生活。

心中无大志，只求六十分，一生当中平平淡淡安安稳稳的，保守的，不要冒风险，就这样能过一辈子，这就是雇员的生活。

你也可能拥有较好的待遇，加薪的时候就是你认为成功的时候，升迁到更高职位的时候就是你认为非常成功的时候，拿到退休金的时候也许就是你认为这一生最棒的时候。这就是雇员的人生模式。

有人认为这样也还不错，可是你愿不愿意多了解一些其他的看法呢？其实，人生不是只有这一种选择，人生可以有不同的选择。你应该都看清楚了之后，再去选择一种比较适合你而且你也比较希望得到的生活，那样对你来说才是公平的。

固然，当雇员的优点是稳定、比较有保障，但那已经是过去了。实际上，在现在，当企业效益不好的时候，退休金、劳保、结婚分房这些保障越来越少，而雇员随时都有下岗的可能。

因此现在有很多人都不愿意当雇员，因为**雇员是用时间换取金钱，为金钱而努力工作，把时间便宜地卖给老板，既没有时间也没有金钱**。**一旦停止工作就等于停止收入**。

第二种人，自由职业者。

如果你是一个专业人士，不一定需要固定在某个地方上班，可能还是会有很多人愿意付钱给你，让你给他们做策划或者是咨询顾问的工作。

很多作家在家里写文章给报刊，他们凭知名度的高低或者是字数的多少来换取稿费，写了就有收入，不写就没收入。

歌手到很多场所去登台表演换取出场费，表演场数越多，收入相应就越高，不表演的时候就没有收入。

还有很多小企业主，例如开个服装店、美容店，他需要每天去店里，不然店里的业绩就会不好或者是出现零业绩。

这些人统统都是自由职业者。

我以前也曾经是一个自由职业者，我接受别人的聘用，当他们的顾问。我不需要每天去上班，只需要定期地去培训他们的员工，他们就付给我顾问费；也有很多人付给我咨询费，我只需要和他们谈话就能赚到钱；我也开班授课，很多人交给我学费，我又可以借此赚到钱。

自由职业者的好处是：不像雇员一样，时间固定了，收入也被固定了。自由职业者希望有挑战性，这些人的优点是具有冒险精神，努力工作，认真做事，愿意加班到很晚，因为他们是为自己工作。

自由职业者的好处非常多，但是也有坏处。当我发现当自由职业者有坏处时，就开始转行了。

自由职业者有什么坏处呢？自由职业者是为自由而创业的，但创业后感觉更不自由了，因为企业没有了自己就无法正常运转下去，需要更长的工作时间才能使自己有更高的收入。因此，我必须把我的行程表排满，到处去演讲，这样我的收入才能变高；因此，我必须从早到晚培训我的员工，员工的业绩好，我的收入才能因此变高。自由职业者通常遇到这样的问题，为了自由，不想被老板管理所以才创业，但创业之后却发现，原来要自我管理必须逼自己做更多的事情，企业才可以赚到钱，自己反而失去了更多的自由。

就算你是老板，你可以离开你的企业一年依然有收入吗？如果不能的话，你只是一个自由职业者，你只是自己开家公司给自己找份工作而已。

对自由职业者来说，越成功等于越忙碌，因为我亲自感受过一年365天有200多天在外面演讲，每天都住在宾馆、每天都在赶飞机这样的忙碌生活，当时我认为自己非常成功，但是实际上却没有了时间。我不可能一辈子都这样做下去，所以我要转行。

停止工作就等于停止收入，这就是自由职业者和雇员共同的缺点。

雇员每天用固定的时间获得固定的薪水，自由职业者用更长的工作时间获得更高的薪水。这些都是把时间贩卖出去、用时间换取金钱的赚钱办法。

第三种人，大企业主。

大企业主是什么意思呢？与小企业主有什么差别呢？

小企业主自己做所有的事情或者做大部分的事情，雇佣的人越少越好，因为他不想发薪水给别人。他自己做事钱归自己所有，他是靠自己来运转这个企业的，如果没有他，企业就运转不下去了。

而大企业主呢？他不为钱工作，他用钱雇佣别人为他工作，他建立一个系统并拥有这个系统，让别人在这个系统中为他工作。他也有可能亲自工作过十年，但他在企业中的目的不只是为赚到钱而已，他在打造一个模式，让别人在这个模式中正常运转，所以，当这个模式完整地建立之后，他就会离开这个模式而让别人去做。

此时，大企业主即使不工作，也仍然有钱赚，当他离开他的企业后，他的企业会用这个模式自动地为他赚钱。所以，他的系统越壮大，收入就越高。当他雇佣更多人来为他管理这个企业、开枝散叶的分公司越来越多、营销部门越来越庞大的时候，他的收入也越来越高，时间也越来越多，他越来越成功却反而能够越来越轻松。即使他离开企业一年仍然有钱赚，而且收入可能会更高。

大企业最大的优点是，老板停止工作时还有源源不断的收入。比如我们常常去一些西式快餐店吃饭，到了那里却发现老板并不在里面炸鸡、炸薯条，也不在里面卖汉堡，但是他仍然有钱赚。肯德基的老板有可能在度假的同时，全中国的肯德基都在帮他卖炸鸡，他不用工作就有钱赚。这就是大企业主。

大企业主不是一开始就可以不用工作的，他可能一开始辛辛苦苦地工作了很长时间，才可以从企业中撤出来。而小企业主也在工作，但工作了很多年之后也撤不出来。

所以，他们工作的性质不一样。一个是通过工作为自己赚钱，一个是工作赚来钱之后再投入到企业中打造各个部门，让各个部门制度化、系统化、机构越来越健全。

大企业主工作的主要目的是培训他人，让企业能够上轨道，让更多的人为他工作，直到未来有一天他不用工作。大企业主工作的前十年可能都没有赚到钱，事实上，并不是他的企业不赚钱，而是他赚了钱不能为自己。

那么，大企业中让谁赚到钱呢？答案是：雇员。企业没有赚到钱，老板也要给雇员付钱。

那么，谁最后赚到钱呢？答案是：老板。当老板最后赚到钱的时候，所赚到的钱可能是最多的，可能是一生的，可能是雇员的几百倍甚至几千倍。

大企业主可能在工作十年之后，当企业正常运转时，把股份卖给其他人49%，他自己拥有51%。他用49%的股权换回数千万元，并且还拥有51%的股权，每年不用工作也可以获得稳定的收入。**大企业主拥有的主要是所有权不是经营权，他要的是拥有系统，而不是被系统拥有，他建立系统是让别人在这个系统中工作，而不是他自己在系统中工作**。

假设你现在是一个老总的话，你每个月赚到的钱放到口袋里，每年赚到的钱放到自己的银行账户。到年底一看有100万元，就要买车子、买房子，似乎是过上了更好的生活，但你的企业却没有壮大，你没有办法雇更好的人才，企业也没有办法因为资金的注入而增长，所以你的企业仍然不可能离开你。你不但要为你的企业工作，你还要为你的车子、房子付一定的费用，而这是小企业主通常的做法。

我们常常听说大企业主的生活非常节俭，办公室非常小，还在用旧家具，可能一辈子就戴一只手表，甚至永远只穿一套西装。

不是大企业主没有钱，而是他习惯于把赚来的钱投入到企业中去，让企业拥有资金去聘请人才，建立更好的模式，让广告、市场、生产等各个部门正常运转之后，自动获取企业的股权收入。

第四种人，投资者。

投资者的工作就是不工作，但谁为他赚钱呢？答案是：钱为他赚钱。

他习惯于用“钱滚钱”的方法，把钱投资在股票市场、房地产、期货中，或者投资在黄金买卖等投资工具中，让这些投资工具为他赚取更多的钱，赚取资本利润。

他有没有钱？有钱。他有没有时间？他更有时间。

假如他可以投资成功的话，他就会有更多的钱去做投资，所以，他的收入会越来越高，而且时间会越来越多。

他把钱投资给系统但不参与经营管理。这是什么意思呢？企业主创业需要钱，所以，投资者投资给创业者。企业创建一个系统之后，企业主不用工作就有钱赚，当初投资给他的那个人因为拥有这个企业的股权，所以这个投资者也可以赚取企业的收入。

雇员、自由职业者、大企业主、投资者是互相依赖的，投资者如果没有大企业主帮助他经营管理，他怎么会有时间呢？大企业主如果没有投资者给他钱，他怎么能去聘用雇员和自由职业者为他工作呢？如果没有大企业主，雇员怎么会有稳定的收入呢？自由职业者也是一样的，也是靠很多企业给他付钱才有机会贡献自己的才华的。

这四种人在一个经济系统中相互依赖，有各自的功用和价值，没有好与坏的差别。

我的选择是：当大企业主和投资者，因为他们是在用钱买别人的时间而不是用时间换取金钱，而我希望获得自由。我之所以分享创富教育，也是希望听课的人和读者有更多的选择，但并不是要求你一定要当大企业主或投资者。

如果你愿意当雇员或者是自由职业者也是很好的，因为你已经看清楚了这个经济系统中的每一个子系统，经过慎重思考之后做出了自己的选择。

世界上也只有这四种人，世界上没有第五种赚钱方法，你不是雇员就是小老板，不是大企业主就是投资者，你不可能在第五种范围内的。现在我们了解完这四种人之后，我们来研究一下，雇员和自由职业者可能在各位的面前是左边，我们称为左手边的人，可能在你的右手边是大企业主和投资者，你现在看看这幅图，你认为是左边的人会有钱有闲还是右边的人有钱有闲呢？你说你想在左边过一辈子还是在右边过一辈子呢？今天在阅读本书的朋友，我相信你们都想到右边去。

雇 员 用时间换取金钱，为了金钱而努力工作！ 把时间便宜地卖给老板，没钱也没有时间！ 时间不自由，收入受限制！ 上班老板骂，下班骂老板！ 停止工作=停止收入！	**大企业主** 他不为钱而工作，他用钱雇别人为他工作！ 他建立系统，拥有系统，让别人在系统中工作！ 系统越壮大，他的收入就越高！
自由职业者 个体户、专业人士、小企业主 要自由而创业，创业后感觉更不自由！ 更长的工作时间，才能有更高的收入！ 就算你是老板，你只是开公司给自己找份工作而已！	**投资者** 用钱滚钱赚取资本所得！ 有钱又有时间！ 他拿钱投资给系统，但不经营管理！ 要学会用钱买别人的时间，而不是用时间去换钱！

考考你：

看过这些基本理念之后，我们来做个小测验。

请问：律师属于哪一种人呢？

很多人回答我说："律师是第二种人，自由职业者。"

不知道你的答案是什么，而且这个问题很少有人答对。

正确的答案是："不一定。"

因为律师如果在大公司当法律事务部主管，那么他就是雇员；如果他当很多人的顾问，他就是自由职业者；如果他自己开了事务所，不用自己亲自工作，那么他就是大企业主；如果他拿钱去投资，那他就是投资者。

所以，**律师是哪一种人，不是由他的身份和职业来决定的，而是由他的收入来源决定的**。

前述四种人代表四种不同的收入来源。一种是老板发的工资，一种是客户购买产品的利润，一种是企业经营管理的净利润（而且不用靠自己工作就能得到），一种是投资换取的红利。

再考你第二个问题。

请问：作家属于哪一种人呢？

很多人会回答是第一种人、第二种人，雇员或者自由职业者。

答案也是："不一定。"

因为作家在报社当编辑领取固定的收入，他就是雇员；如果他靠写稿来赚取稿费，他就是自由职业者，因为他写稿就有钱，不写就没钱。

假如作家今天出了一本书，这本书长期在市场上出版、印刷、出售，作家不用工作也可以收到相应的版税收入。也就是说，这本书定价为20元，如果按10%的版税计算，那他就能够从每本书中赚取2元；假如这本书畅销100万本，那他就可以赚取200万元。此时，作家本人是不需要做任何事情的，这时他就变成了第三种人。

当作家拿钱去投资生意的时候，他就成了第四种人——投资者。

作家同律师一样，只是一个职业和技能，至于这个职业是属于哪一种人是没有关系的，这只和他的收入来源有关系。

第二节　多渠道创收

我时常在课堂上问学员：“知名演员是哪一种人？”

大家都说：“是第二种人，他出来演戏就有演出费，他出来唱歌就有出场费，他不演就没有钱，他不唱就没有收入。”

但事实上，这是错误的。

如果他认为一块土地可能会增值，就投资买下了，无论他是做房地产生意还是做地皮生意，都只要投资就可以获得利润。这时，他就成了投资者。

因此，你也有可能同时是四种人。

你可以在当雇员的时候将自己的工资投资到自己所认识的人脉当中，你可以投入到股市里去，你也可以继续当你的自由职业者，但你需要赶快将你的资源、收入投入到右边。

左边的工作可以保留，还可以兼顾右边的事业。当你右边的收入大于左边收入的时候，你就可以辞去左边的工作，这也是一个安全的做法。

电影明星每拍一部电影都可以拿到很高的酬劳，但有一次我竟然看到杂志报道说，有的明星主动降低他当演员的酬劳，他为什么要这样做呢？因为他不想一辈子当自由职业者——演戏就有钱赚，不去演戏就没钱赚。

他到底要的是什么呢？他要的是电影版权的某一个比例。所以，当他拍完电影的时候，拿到的酬劳虽然没有以前高，但他知道电影会在世界各地上演，他也会到处去宣传。宣传之后，全世界的每一个地方、每一次放映、每一张门票，都会让他拿到比演出费更高的酬劳，这样他就能够在不用工作的时候也有高收入。

这就是有累积性的工作！这就是他的赚钱机器！他这么有头脑，他会把自己的钱投资在其他行业吗？当然会！他需要自己管理店面吗？不需要！他会充分利用自己的知名度来进行推广。

由此可见，他也可以成为四种人。

你可以保留工作，同时也要学着当大企业主和投资者，将日常所学、工作所得和工作所认识的人脉资源，都赶快沉淀到大企业主项目和投资项目中，所以，你即使是雇员也能成为自由职业者。

实际上，这就是在做有累积性的工作，累积到右边才能获得被动收入。

现在，你体会到学习一套完整的创富教育理念的好处了吗？到底谁是赚钱机器呢？需要注意的是，你当赚钱机器的日子已经太久了，学习当赚钱机器的时代已经过去了，现在你需要学习如何打造赚钱机器，打造属于自己的赚钱机器，你才可能在收入更高的同时，时间也越来越多，而且还能过得越来越自由、越来越快乐。

现在你在哪里不重要，重要的是将来你在哪里。

现在你是哪一种人不重要，重要的是将来你会变成哪一种人。

现在你的收入从哪里来不重要，重要的是将来你的收入从哪里来。

现在你是不是赚钱机器不重要，重要的是将来你要拥有属于你的赚钱机器。

第三节　富人的行动模式

在富爸爸的现金流象限中，雇员和自由职业者在象限的左边，大企业主和投资者在象限的右边。

因此，我们把雇员和自由职业者称为左边的人，把大企业主和投资者称为右边的人。

雇员是别人系统中的一分子，他在系统中的工作就好像是一台赚钱机器上的一颗螺丝钉。他不但没有赚钱机器，还在为别人的赚钱机器工作。大企业主拥有很多雇员，但是，任何一个雇员不干了就像是螺丝钉松了一样，只需要换一个上去，机器就可以继续正常运转，继续为大企业主赚钱。所以，雇员没有赚钱机器。

自由职业者有没有赚钱机器呢？也没有。因为他自己就是赚钱机器，自己为自己赚钱。他就是系统的全部，所以他停止工作就停止赚钱。他也无法把这个系统复制给别人，让别人为自己赚钱，因为他没有花钱聘请别人来替代他，他必须做所有的事情；或者他赚钱的方法过于困难，只有他这样有“才华”、“有能力”、“完美”的人才能做这样的事情。所以，自由职业者没有其他赚钱机器，他自己本身就是赚钱机器。

大企业主拥有系统，因为他在创业的过程中不断地创造系统。事实上作为老总，从创业的第一天起就应该知道，你的工作是要离开你的企业，你的工作是建立一个完善的体系，当你离开这个体系时企业依然可以运转，而不是一辈子被困在体系中工作。所以，大企业主拥有体系，拥有赚钱机器在为自己赚钱。

例如，自由职业者中的一些人开小吃店，因为他自己可能就是很优秀的厨师或者店长，通过经营管理，几年后小吃店非常红火，可要是有一天他不做了，小吃店就无法继续经营下去了。这能算拥有赚钱机器吗？不能，因为他自己就是赚钱机器。

但是，很多人把小吃店弄成连锁店。例如永和豆浆，每个店都有自己的店长、厨师，用同样的模式去经营，老板不用亲自看店，整个城市的连锁店都在卖豆浆、卖小吃。像这样的老板就拥有赚钱机器。所以，他就可以是有钱、有时间的大企业主，他用钱雇佣雇员为他工作。

大企业主用钱买雇员的时间，雇员把时间卖给了大企业

主，所以，雇员没钱也没有时间；大企业主有钱也有时间；自由职业者有钱，但结果是工作很努力却没有时间；成功的投资者也是有钱、有时间的，因为他将钱投资在赚钱机器上了。

这就是雇员、自由职业者、大企业主、投资者四者的差别。如果把他们分成富人和一般的人，差别也是很明显的。

第一，富人创造正面循环，一般人掉进负面循环。

多年来在教授创富课程的过程中，我发现总有些人没办法做到我所说的事情，也没有办法得到他想要的结果。

因为他有理由，他有借口，他有一些负面的想法。

这就是负面循环。

例如，他认为自己没有钱，他不能学习更多的致富知识。

我告诉他："正因为你不能来学习我的致富知识，所以你没有钱！"

如果不懂的话，那就好好思考一下下面的话。

如果有良好的正面循环，例如有人说他一定可以成功，这种正面的思想就可以激励他成功。

就算在过程中遇到挫折，他也会坚持到那个结果产生为止。

所产生的结果就是他成功了，因为正面的想法让他有很好的心态，这样就会形成一个良好的循环。

当然你也可以说："我做事情从来没有成功过，我这次当然成功不了。"

问题在于你根本不相信自己会成功，如果这样，那你怎么会成功呢？成功的人有自信，他相信自己一定会成功；失败的人也有自信，他相信自己一定会失败。

你的信念和你的结果有正面循环，也有负面循环，你现在正处于哪个循环中呢？

假如你现在创办的企业没有钱请到一流的人才，只能雇佣二流的人才，企业就会创造出二流的结果。

如果你的团队只能吸引三流的干部，则三流的干部只能吸引到四流甚至更差的员工，这种结构的团队只能给你创造微薄的利润，导致你的企业陷入永远也吸引不到好人才的负面循环中。

所以，微软公司的创办人比尔·盖茨说，企业千万不要掉进负面循环中，一开始就要雇佣一流的人才，等到创造出一流业绩的时候，才能去请到更好的人才。

一流的人才愿意加入一流的团队，一流的团队才可以吸引更好的人才。

如此，你的企业就进入了正面循环。

从负面循环进入正面循环要下很大的决心。

例如，如果你要将已经启动的风扇转变到相反的方向，是不是需要很大的力气呢？如果你现在正处于人生的负面循环当中，你就要狠下决心把趋势扭转过来。

与其坐等，倒不如彻底改变一下，这样你的人生就会有一个不同的结果，而这个结果也就是下一个结果的起因，这便是因果循环。

第二，富人用金钱买时间，一般人用时间换金钱。

我经常在课堂上问学员："时间和金钱哪个重要？"

他们说："是时间。"

我笑了，说："大家都说时间重要，其实还是有95%的人觉得金钱更重要，因为你们的行动没有让我觉得你们认为时间比金钱重要。"

例如，从北京到上海，搭飞机要1000元，耗费两个小时；但是坐火车只要400元，耗费10个小时。

大多数人认为，只要在车上多待8个小时，就可以节省600元，甚至宁可用10小时的时间去换取这600元。

依他的思想，每小时赚不到60元，怎么可能一天赚到600元或者是6000元呢？所以，他宁可用大量的时间换取微薄的600元，认为600元钱比10小时更重要。

这就是他们既没钱也没有时间的原因。

而会赚钱的富人会怎么想呢？对他而言，只要花2.5倍的金钱，就可以节约4倍的时间，这本身就已经物超所值了，何况他多花600元钱就可以节省8小时的时间去做更有价值的事情。

只要多谈一个客户、多开一个会，就能赚取远比600元还多的金钱。

超出600元的，都将成为他的净利润。

这就是他们有钱又有时间的原因，因为富人认为时间大于金钱，所以宁愿用金钱去买时间。

如果我现在需要请保姆来帮忙做家务，我认为就算10天给1000元工钱也是值得的。

若不如此，我必然被家务琐事缠住，也就没有时间去赚更多的钱。

用1000元买了保姆240个小时，让自己挪出240小时去赚钱，我无论如何也可以赚到比1000元更多的钱，而且我还可以有很多的时间去享受生活，也许还用不了1000元。

所以，**时间绝对重于金钱**。

等到年纪越来越大的时候，你会更加深刻地意识到，即使你这辈子赚的钱无限多，但是青春是有限的，生命也是有限的。

你希望金钱赚够之时，就是青春耗尽之日吗？

在短时间内迅速提升自己的综合素质，难道不是非常值得投资的生意吗？

第三，富人在不断建立网络，一般人则被教育去找工作。

在方便面市场，康师傅是一个家喻户晓的品牌，它几乎就是方便面的代名词，同时也是世界上销售量最大的方便面生产厂商。

康师傅的方便面真的有那么好吃吗？答案是：不一定。

康师傅的销量为什么会那么好？有人访问康师傅的董事长，他回答："我在巨人的肩膀上建立了密密麻麻的营销网络，把所有的时间都花在零售渠道上。你看全国有60万个零售店在卖康师傅，1家1天卖10包，那么全国就有600万包。”

1包他可以赚2元，全国1天就是1200万元，10天就是1.2亿元，1个月就是3.6亿元，这就是营销网络的力量。

拥有了营销网络，就能以较少的时间和金钱，去创造较大的利润。

这也是我在创办创富教育之初最大的准则——在全国建立密密麻麻的培训网络。

但是有很多人在学校拿到文凭之后，不是去建立网络而是去找工作，把时间卖给了老板，既没有时间去享受生活，也没有得到很多的收入。即使收入很高后他仍然没有时间，这样他就很难成为有钱又有闲的人。

第四，富人先付给自己。

一般人每个月都在为别人工作，为房东、为电信部门工作，没有钱可以留下来进行投资。

富人把赚到的钱先付给自己。

怎么样是付给自己呢？

他会在银行给自己开户，每个月赚到钱就先存进去。

不断地重复这样的动作，他就会有钱，然后用这些钱养一只会下金蛋的鸡，靠金蛋换来很多的钱，就可以拿去消费了。

很多人也给自己养金鸡，但往往是还没有把金鸡养大就宰了，又必须从零开始。

也有人在金鸡开始给自己下金蛋的时候，竟然弄破了它的肚子，于是又没有金鸡了，不得不重新开始工作。

这就是不会理财、不会投资的结果。

富人先存钱，后花钱；一般人先花钱，后存钱。

就算两者的结果一样，但是态度也不一样。

所以请你记住：存剩了再花，而不是花剩了再存。

第五，富人只选择对的事情去做。

我写这本书是对的事情，我做公众演讲是对的事情，我花时间去与员工沟通是对的事情，我花时间去学习是对的事情。

大多数人没有时间去做这些事情，因为他还有很多其他事情需要做。

你可以将一些事情委托给他人。例如，打字的事情可以交付给文员，打电话的事可以交给你的助理，家务事可以交给保姆。不要每一件事情都亲自去做——只选择对的事情去做，而不是把什么事情都做对。

第六，富人学习被证明有效的经验，一般人则自己摸索。

*请你记住：聪明人学习别人的经验，一般人学习自己的经验。*而一般人通常自己也没有什么经验，能从自身学到什么呢？在我20岁出头的时候，我遇到一位年过半百的老人，他不相信我这么年轻就可以致富。

事实上，当时我已经拜访了很多成功人士，他们摸索了几十年才得以成功，而我只要学习他们成功的经验就可以了。

要是我自己去摸索，岂不是要到老了才可以成功吗？向一位大师学习，可以节省20年的时间，向100位大师学习岂不节省了2000年的时间？

我当时虽然只有20岁，可是已经拥有了2000年的经验，当然比他赚得要多了。果然，在25岁时我的月收入就达到了7位数字，27岁时已实现了财务自由。

可以说，这也是我创办创富教育的原因——有很多人像我当初一样缺乏经验却又渴望成功。

我在教育上也创造了多套自成系统的致富培训模式。

我在销售技巧、公众演说、成交谈判、市场营销等方面，都探索出了更好的学习模式，能够帮助很多人节省大量的时间，让他们享受更好的生活。

为何不直接去学习这些课程，还要靠自己摸索呢？

我的使命告诉我，必须把这些模式传授给大家，这是我喜欢做的事情，也是我希望做的事情，希望更多的人来体验一下。

这对我有作用，相信对你也有作用。

第七，富人做决定快，改变决定慢；一般人做决定慢，改变决定快。

我见过很多人都是当时决定了，没过一会儿又改变了，或者是很难做决定。

有人对我说："我想成为企业家。"

"想多久了？"

"三年了。"

"为什么不行动？"

"还在上班。"

在交谈时我给了他很大的激励，他也当场就下了很大的决心，可是没过几天又去工作了。

所以说，只靠被动的激励来下决心是不够的。

如果需要激励，就去上激励课程，而创富教育是给下定决心的人们提供的一种学习模式，不适合还没有下定决心的人。

在我的课程上，在下定决心的人当中，有人在1周内减肥3公斤，也有人在1个月内就创办了自己的企业。

有的人虽然还没有成功，但是他们的发展趋势很好，决心也不会改变。

做决定快，改变决定慢。这就是富人的行动模式。

第三章　赚钱机器就在身边

第一节　版权

这本书中提到的赚钱机器，事实上是我为了让读者能够理解得更清楚所做的一个形象的比喻，其实，它就是我们在商业世界中共同使用的一个名词——系统。

如果你是一个小企业主，你企业里面的行政系统、营销系统、后勤系统、人力资源系统、财务系统，各大部门健全化、标准化的作业系统和可以培训大家的一个完整模式，都应该让它能够独立动作。

如果你今天不是一个中小企业的负责人，而且你也无意向大企业主发展，那么，我这里所说的赚钱机器是不需要你持续工作就可以赚钱的工具，或者是你只要工作一点点就可以长期受益的一些赚钱方法。

各行各业的读者都可以通过这本《赚钱机器》来学会我们的方法。

本章列举了几个有价值的方法、工具或是财务上的资产，来帮助读者实现被动性的持续收入。版权就是其中的一个。

这几年我很少看电视，我不愿意把时间放在消磨时间的活动上，我会把时间花在做有意义的、有累积性的事情上，因为对我来说，工作本身就是娱乐。

大家应该都看过武侠连续剧或者是武侠电影吧？同一个故事可能由小说改编成武侠连续剧或者改编成武侠电影。

而武侠小说的作者，会把书稿卖给出版社，不用领取固定收入，而是在每本小说中提取作为作家应得的利益，也就是用法律保障作家权益的版税。

在影视发达的年代，电影公司将这些小说原著拍成同名的电影，必须先向作者购买版权，当电影轰动娱乐圈的时候，电视制作人要拍同名的电视剧来获取高收视率以赚取广告收入，也得向作者购买版权。

因此，该武侠小说的作者从大量书籍的销售、大量电影和电视剧的销售中，得到了大笔的版权费用，并且他做到了不用做任何事情就可以有持续稳定的收入。

有人在拍电影、在当导演，有人投资拍电视剧，有人在印刷厂印书，有人在开书店销售这些书籍，而该作者完全是因为当时的一个想法、一个构想，演变成一本小说，接着小说就为他赚取了一定的收入，一本一本的小说不就是作者的赚钱机器吗？不就是他的被动收入吗？不就是他的资产吗？

他借用书籍出版的系统，电影拍摄的系统，让自己在系统中收到长期的利益。这样的作家一辈子都可以过着无需工作的舒适生活，住着奢华的房子，开着豪华的车子，在世界各地旅游，而他们的收入却不曾中断过，这就是富有的人生。

你知道全世界有多少百万富翁吗？

你知道一个著名的故事可以让一个人变得非常有钱吗？

你知道一部知名电影就可以造就一个靠版税成为富翁的人吗？

这些人从这个系统中获取的是长期稳定而且非常可观的收入，他们除了写作就不需要再工作了，他们的版权就是他们自动的赚钱机器。

第二节　地产

当我了解了“富爸爸”教我的被动收入的来源之后，我就认为房地产是一个不错的投资，也是一个非常完美的系统，因为只要初期我选好地段后，其他的工作都不需要我去操心了。在这个系统中，有人负责建筑，有人负责装修，有人负责验收。而我只需要投资，甚至在这个系统中银行都要资助我，帮我支付80%的房款。根据这样一个思路，既不需要付很多的钱，也不需要做很多的事，就可以从固定的租金中扣除给银行的费用，然后得到稳定的收入。

只要这些回报超出我当初的投资，我就获得了真正的净利，而房产在未来的几十年中会自动地变成被动收入，这个完美的系统就成了我的赚钱机器。我在购买房产的时候，看到一位先生买下了一整层楼。我想，他买房子的目的一定不仅是让自己的家人居住，因为他不可能有那么多的家人。可想而知，他是在买赚钱机器，他在买“能生金蛋的母鸡”来长期为他下金鸡蛋。

《富爸爸，穷爸爸》的作者罗伯特·清崎也非常赞赏投资房地产这样的行业，他自己也是这个行业最大的投资者和受益者之一。

第三节　网站

2005年10月，我了解到世界互联网高峰论坛将在上海举行，就专门和家人飞到上海。之后我了解到，世界上已经有很多人只要通过电脑和网络就能拥有一台24小时不停运转的赚钱机器。

好的产品放到互联网上，制作好销售性的网页说明，就可以24小时不停地出现在全国各地正在浏览网页的人面前，消费者购买你的产品只需要1秒钟的时间，你的银行账户就多了一笔收入，而且不需要你全天投入，只需要你策划好这个网页的主题、销售什么产品、目标市场是谁，另外再聘请好工程师和维护人员。

如果你销售的是信息，那么你连仓库都不需要，可能一觉醒来就会发现自己的银行账户上又多了不少钱。账户上的钱越来越多，同时购买产品的人也越来越多。

上海互联网高峰论坛上，主办单位邀请的演讲者都是在互联网上赚到大钱的人，我在和这些人的交谈中学到了不少东西，所以，我大力推崇互联网这个工具。

顺便提一下，主办单位是如何销售世界互联网高峰论坛门票的呢？是通过他们的网站。我在家中看到了他们的网页，看到上面有关的视频、音频，我只点击了一下鼠标，就购买了两张门票。

他们不需要多花一点力气，也不需要多花一分钱就卖出了两张门票。这两张门票对他们来说就是被动收入，他们就是在用系统销售他们的产品，所以我更加相信用互联网实现销售利润绝对是可行的，关键是你要学会正确的销售知识和建立一个好的销售系统。

我学到这个销售系统的行销模式之后，也开始筹备我们的网站，也许你看到这本书的时候，我们的网站已经呈现在你的面前了。

你只需要登陆我们的网站就可以免费看到我的视频、音频，也会有一些付费观看的个人成长课程，同时你还可以在线购买我课程的VCD，或者报名参加我在全国各地的创富课程的学习。

我之所以推出这个网站，是为了服务我在全国各个地区的学员，也为了教授那些不能来上课的学员，同时我也希望获得自由，并且获得更多的收入。

而对你来说，你可以不限时间、不限地点，只需要一点点投资，就可以学到创富教育的全套课程。

第四节　企业

有一个人叫做保罗·爱伦，当他发现世界上第一台个人电脑就要制造出来的时候，立刻把这个消息告诉给他的好友比尔·盖茨。

因为比尔·盖茨远大的眼光和果断的决策力，他毅然在读哈佛大学二年级时休学，创办了一家小公司——微软公司。

他预测到了未来广大的计算机市场，同时也意识到现在正是他开始着手为这些计算机设计软件的最好时机。事实证明：他抓住了一生难得的机遇，成了亿万富翁。

比尔·盖茨当时联手保罗·爱伦共同合作创办了微软公司，没想到微软公司在比尔·盖茨的领导之下，在他不同凡响的超级销售能力之下，不断地壮大。

微软公司的产品一直畅销全世界，在微软公司还没有上市的情况下，保罗·爱伦就已经退休了，那时他才30多岁，整天只做三件事情：散步、钓鱼、打球，但收入却源源不断地增长。

当微软公司成为上市公司的时候，保罗·爱伦成了亿万富豪，他开始在全世界不断地购买豪宅，不断地建造豪宅，仍然源源不断地领取收入，这些全都是由于他当时和他的好朋友共同创办了微软公司。

建立企业的目的是为了打造赚钱机器，可是有很多人却不小心沦为企业的赚钱机器。

比尔·盖茨是一个热爱电脑、有更高追求的人，保罗·爱伦是一个想要享受人生自由的人。保罗·爱伦不想成为工作者，所以就早早地退休了，而微软公司却没有因为他的退休而停止运转。

如果你是一个创业者，你一定要记得企业是你的赚钱机器，你不是企业的赚钱机器，不要不小心陷入了企业的事务当中，长期撤不出来。

所以再次提醒你，拥有一个企业，而不是被一个企业所拥有。所以，你只需要管理好你的赚钱机器，而不是把自己当成赚钱机器。

第五节　有价证券

2002年，我有了一些空余时间去研究一下我一直喜欢的金融投资市场。在研究了股票市场之后，我发现了一些投资股票的方法。

投资股票是有原则可循的，当一个公司的市场价值被低估的时候也就是我该进场的时候。

如何评判一个公司的市场价值被低估了呢？从这家公司的基本结构、基本产业结构和基本体制来看，股价明显被低估的时候就是该买进的时候。我从进入股票市场到现在，从来没有亏过一分钱，并不是我很聪明，可能是我的运气好，也可能是我学到了正确的方法，做对了事情。

投资股票又让我证实了一个道理：资金可以生出更多的资金。既然钱可以生钱，而且可以不用浪费时间，那你为什么不使用这个方法呢？因为它不需要占用你很多的时间，你可以在投资有价证券的同时干其他的事情。赶快加入这个商业系统吧，这是每个人都应该了解的投资工具。

第六节　专利权

2000年，我读了罗伯特·清崎的书籍。从中我知道，他的理财教育已经风靡全世界，他不断提到的现金流游戏是根据“大富翁”所改良的具有教育性的游戏，需要三四个人同时来玩，让越多的人来玩，就会越富有。

他发明这个游戏，用卓越的推销技巧让这个游戏在全世界畅销，他不需要聘请别人，也不需要在全球打广告，只需要通过一系列的书籍把他的思想传播给别人。他偶尔出来演讲不需要高额的演讲费用，为的是把各个国家的市场打通，让当地有人做他的代理或者采购他的现金流游戏，他的公司因为现金流游戏而变成了赚钱的公司，甚至在美国上市成功。

为什么他能赚到那么多的钱呢？因为他拥有这个产品的专利权，并且会推销这个产品。

发明人不一定会成为富人，有行销能力的发明人才会成为富人。

为什么没有人模仿、复制他的现金流游戏呢？因为他拥有的专利权被法律所保护，除非有人能发明新的产品取代他或者和他竞争这个市场，并且和他一样具有卓越的行销能力，否则的话，你就不能模仿、不能伪造、不能行销到全世界。

第七节　品牌

在我上高中的时候，每次打开电视机都可以看到NBA的篮球比赛，全校同学都在讨论乔丹的高超技术——他的灌篮技术是世界一流的，我们学校篮球队的学生每人脚上都穿着一双以乔丹的名字命名的带有气垫的篮球鞋。

不论那双鞋是不是乔丹设计的，只要挂上乔丹的名字就一定会在篮球圈子里畅销起来，价格还非常昂贵。

公司投资生产、设计、广告、促销所赚到的每一分钱都与乔丹有关系，乔丹不需要做任何事情，只需要把他的名字授权，并且把他在球场上灌篮的样子印在鞋上，就可以从每一双鞋中赚到钱。

这是一种什么样的力量呢？

是品牌的力量，品牌是世界上最有价值的资产之一。

可口可乐公司一直在宣传可口可乐的配方，说这个神秘的配方锁在亚特兰大的保险箱里。

我曾经听过一个演讲，演讲人讲到了一个关于行销的小故事。

曾经有一个人打电话给可口可乐公司的董事长，告诉他：

"可口可乐的秘方我已经找到了，我要向很多人宣布或者自己制作出可口可乐来同你们竞争，如果你们付给我2000万美金，我就会保守这个秘密，并且不生产这种饮料。"

当时董事长在电话中说："你尽管宣传，也尽管制作吧，只要你不用'可口可乐'这四个字你就卖不出去。"

虽然这不一定是事实，但确实体现了可口可乐的优势。

因为神秘配方只是他们的一种策略、一种战略，他们真正在行销的是"可口可乐"这四个字，这红白相间的商标是世界上最有价值的商标。

可口可乐公司进军中国市场时，不需要购买原料，只需要把这个商标授权给中国的饮料公司，让代理商在当地寻找原料来生产可乐，就可以在当地的每一瓶可口可乐上获取被动收入，这就是品牌资产所产生的威力。

第八节　其他打造赚钱机器的方法

自从接触成人教育以来，我不断地研究世界潜能激发大师安东尼·罗宾的学说，也听过他主讲的历时四天四夜的潜能激发课程，听完课后，我的身心状态也提到了前所未有的高度。

我发现安东尼·罗宾身高两米多，永远用不完的能量是他能够成功的一项很重要的技能，这个技能是不能复制的。他每年在全国发展的课程学员达到五六千人，他这难以复制的魅力，让他必须不断地演讲、不断地出场，持续赚取庞大的收入。

2005年末，我策划引进罗伯特·清崎在中国两小时的演讲权，决定付他60万美元，却也无法请他到场。

他的经纪人告诉我："杜云生老师，你可不可以帮我们公司代理安东尼·罗宾的多媒体课程，你愿意争取这个主办权吗？"我问他："什么多媒体课程？"他说："是安东尼·罗宾在全世界训练课程的精华剪辑，也就是说他不用亲自来现场，学员们只要通过摄影机就可以看到他演讲的画面，并且是已经翻译成中文的课程，更适合中国的学员，而且还可以使自己快速达到巅峰状态。"

安东尼·罗宾讲话非常快，在他国外的现场课程里，根本听不清他的每一句话，就算有翻译，也不能够完全理解，因为翻译的速度没有他那么快。

即使是这样，安东尼·罗宾的个人魅力和激情也可以将我们的潜能激发出来，但这一次，他居然想出了放自己的影像，而且还翻译成中文让人们能够听懂，换句话说，他本人不用来中国讲课，也可以在全中国成功招生。

本来他可以复制一个接班人，但他现在不复制了，干脆复制录像来代替他。

我不得不佩服他作为世界大师的智慧，的确不是浪得虚名。

我问他的经纪人，如何才能代理这个多媒体课程呢？

他说："代理一次，播放一次，要付60万元人民币。"

这60万人民币不是全部进入经纪人手里的，他还要给安东尼·罗宾公司一大笔钱。

安东尼·罗宾公司只需要出一部剪辑好的录像，就可以获得全世界每一个听众所交的学费。

这证明他的思维的确超前。

没有争取到罗伯特·清崎本人的演讲，是因为他本人不愿意出场赚取劳动收入，而安东尼·罗宾已经运用了人不到场就可以讲课的录像版课程，这使我又学到了一个赚钱的方法。

事实上，你绝对能想出更多的创造赚钱机器的方法，你绝对能想出自己不出场就可以获得收入的工具，不论你是哪一个行业的专家，还是企业的老板，拥有人如何可以不到场就能赚钱这样一个思维，拥有只要付出一点点的努力就可以长期获得收入的思维，你绝对可以找到打造赚钱机器的途径。

第四章　精心打造自己的赚钱机器

600元起家

我记得1996年我来大陆演讲，有一个姓王的学员，这位王先生一个月赚800元，他来上我的打造赚钱机器八大步骤的课程。

学完以后，他开始彻底地实践这八大步骤，在一年之后开出了一家加油站，这个加油站不需要靠他本人，也能为他带来源源不断的收入。

从那以后，他每年都来我这里上一次打造赚钱机器八大步骤的课程，连续三四年的时间，他的加油站从两家开到四家，又开到五家。现在他在东北已经是亿万富翁，并且旗下有七八家加油站了。

这八大步骤，曾经彻底有效地改变过许多人的命运。

1999年，我曾经去江苏常州演讲。有四五百个老板坐在台下，大多数人在听课的时候都显得意兴阑珊，他们感觉他们自己是老板，没有时间听这个年轻人对他们讲课。

但是台下第一排坐了一位年轻老板，他很认真地听我讲课，抄笔记的同时还不停地鼓掌，并且点头微笑。我一下讲台，他就跟我握手，他说杜老师，我想请你吃饭。我看他是听得最认真的一个，于是跟他一起吃饭了。

一起吃饭的时候，他告诉我，他是600元人民币起家的。从木工做起，做到开木工家具厂、连锁家具店，然后开家具商城。他说一流的企业要赚同行的钱，因此他邀请所有的同行进他的商城来销售家具，他收管理费。后来他贷款又开了另一个家具商城，租给别人铺位。换句话说，他从开始卖家具到变成赚房地产的钱了。于是他又开了第三个家具城。

我一听，这跟我教的打造赚钱机器的方案非常相像。没想到他说，杜老师，以前我没有听过你的课，我就是用这些方法在赚钱的，现在我听了你的课，我相信你讲的是对的。于是他请我去他企业内部讲课，每年去一次。

后来我看杂志报道，才知道他在中国富豪榜里排名第59位，个人资产达0.95亿美元。这个人就是车建新，是红星美凯龙集团的董事长。

他为什么这么认可我呢？不是因为我把他教得好，而是他本来就用对了这八个步骤。他在听我讲课的时候，我刚好也讲了这八个步骤，于是他非常认可。所以，这八大步骤曾经帮助过从800元人民币起家的人成为亿万富翁，也曾经帮助过排名第59位的中国大富豪，甚至包括我自己，也是彻底使用这八个步骤在建立我的教育企业。

我第一年在上海讲创富教育，没想到第二年，就在北京、长沙、深圳、广州都开办了我的分支机构。我以前以为我的企业要我本人在才能运作，我本人不在就运作不下去，因为我擅长打江山而不擅长守江山。但是自从我使用这八个步骤以后，我发现就算我人不在场，我的企业依然能运作得非常好。

所以接下来，我要教大家打造赚钱机器的八大步骤。

第一节　改变思想——赚钱真好

穷人和富人的差异不是穷与富，因为造成这个结果一定是有原因的。答案是什么呢？我的老师告诉我——思想。

打造赚钱机器的第一个步骤，是改变思想。

第一，改变你对金钱的看法。

在一次演讲时，我遇到了一个人，他说：“我是个画家，市政府非常欣赏我的画。我画了很多，却不好意思卖给别人，宁愿送给别人，所以我一直没有赚到很多的钱。杜老师，我到底出了什么问题？”我告诉他：“你是不是在心理上排斥销售？”他回答：“我也知道销售是应该的，但我是个画家，我不能去做销售。”

可见，他的潜意识里对销售有负面的印象，我说："销售可以赚大钱，销售可以让你的画得到价值肯定，你知不知道？"他说："谈到钱我更不能赚大钱。"

为什么呢？他脑海当中挥之不去的影像导致他天天在想，他是无产阶级，他有着根深蒂固的无产阶级想法。

这种想法能让他赚大钱吗？如果一想到赚钱，你就联想到痛苦的事情，又怎么会去做这件事情呢？如果想到贫穷是尊贵的，那你当然选择贫穷了。

可见，许多人对金钱的联想出了问题。

有一次，我去哈尔滨演讲，一个销售保健品的女士问我一个问题："杜老师，我的保健品非常好，可我为什么赚不到钱呢？"我问她："你每一次是把东西销售给你的亲朋好友，还是陌生人呢？"她说："当然是向亲朋好友介绍了，可我又认为销售给亲朋好友不应该收他们的钱，不好意思收。"

这位女士赚不到钱的原因，是她把钱定义成了负面的东西，把赚钱定义成为错误的事情，她认为赚朋友的钱是不好的。

很多人都把赚钱看成负面的事情，认为钱是万恶的根源。然而有钱人却认为赚钱是对的、是应该的，贫穷才是万恶的根源。

松下幸之助说，要消灭贫穷，因为贫穷是社会的负担，贫穷会造成国家的压力。

他认为赚钱是在做善事，因为他要创造产品服务人类，为社会提供就业机会，让每一个家庭更美好。他赚到钱能够多给国家纳税，这就是在做善事。

松下对赚钱下了一个很好的定义，他不想犯罪，所以他不要贫穷，他把贫穷定义成罪恶，把赚钱定义成行善。他曾经被评为"20世纪最伟大的企业家"，连续多次在日本被列入收入最高的企业家。

所以，如果你想成为富人，改变对金钱的看法是非常关键的。

第二，相信你能赚大钱。

改变思想，改变对金钱的联想之后，还要相信你自己能够赚大钱。单单喜欢钱是不够的，还要相信你真的能够赚大钱。

亚洲首富孙正义在创业前期买了两张办公桌、两箱苹果，聘请了一个员工。

他对他的员工说："我们将来要成为世界首富，要超越他们。"然后他开始激情演讲，并且让他的员工也许诺一定要成为千万富翁。第二天，他的员工就不敢来了，因为这名员工认为他的老板有神经病。

没想到孙正义在几年之后购买了雅虎公司，并且把雅虎重新包装后成功上市。他以十亿的资金买下来之后坐拥百亿，在股市最高的一段时间里，还真的超越了当时的世界首富，即使股价下跌，他的资产也仍然保持在亚洲首富的水平。

孙正义说，以前的想法是一时梦想、毫无意识的萌发，但所有的一切都是从这里出发的。

只要你相信自己能够看到结果，你就会更加相信你能够赚大钱。思想和结果会不断形成良性循环，富人相信自己能赚钱，所以非常有自信。

"穷人有自信吗？"我每一次在课堂上问我的学员，都有很多人回答我"没有"。我对学员们说："错了，穷人也有自信。他相信自己是穷人，他相信自己是无法赚到钱的小市民、打工仔、农村人，没有能力，没有口才，没有机会，怎么能赚到钱？你看，他还没有去做就相信自己做不到，他多么地自信，只是他信错了方向。"

你可以相信你能，你也可以相信你不能。你总要选择一个，偏偏大多数人相信自己不能，可能只有这样才会与他心目中的事实相符吧。

第三，富人不为钱工作。

人为何为钱工作？

因为恐惧和欲望。

一个年轻人毕业以后，马上拿着简历表去找工作，因为他担心没有钱无法生存下去。找到工作之后，他早晨要很早起床，因为他要是不按时起床上班，他就会失去工作，从而失去收入，无法生存。因此他要在老板面前拼命努力工作，尽力完成老板布置的任务。恐惧的压力逼着他要努力工作。然而当他努力工作一个月，收入领到手上时，他的思想状态马上就变化了，欲望来了。贪婪的欲望让他想要享受更好的物质。所以，他把赚回来的钱通通都花出去了，随之而来的又是恐惧，如果下个月不努力工作就领不到钱了。他就这样，为了消除恐惧，再度努力工作，然而领到钱了，欲望又再度来临。就这样不断地转。恐惧压着他努力工作，欲望逼着他把钱花掉，花掉之后恐惧感来了，为了消除它，要再度努力工作，就这样进入了一个怪圈，永远跳不出来。

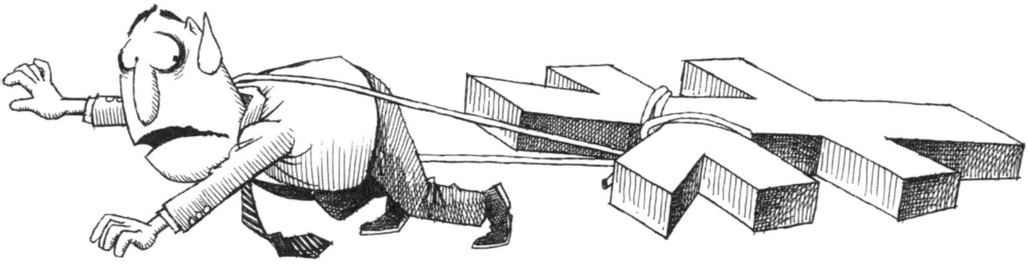

要改变这种状态，要想让钱来为你工作，你只需要做到两件事。

1. **转移恐惧点**。大多数人害怕失去一份工作，害怕没有生存保障。但你仔细想想：一辈子被金钱所控制，难道不可怕吗？一辈子没有时间上的自由，难道不可怕吗？一生都在为金钱工作，难道不可怕吗？停工之日就是停止收入之时，难道不可怕吗？随时都有被解雇的可能，难道不可怕吗？自己赚取微薄的工资，让别人去发财，难道不可怕吗？耗费一辈子的时间、精力，仅仅收入微薄的金钱，老了还不敢退休，难道不可怕吗？再想一想，行动起来去创业，可能有恐惧，但是一辈子当雇员，把自己的命运交给别人来掌握，难道不是更可怕吗？

转移恐惧点，你就会知道更大的恐惧在哪儿等着你。为了规避更大的恐惧，就必须忍受眼前的恐惧。把恐惧点转移到不做这件事情的后果上面，完全可以把恐惧变成朋友，让你知道该做什么、不该做什么了。即使是有恐惧你还得去做，因为不做的恐惧大于做的恐惧。

这就是我教给大家的控制情绪、战胜恐惧的方法。

大多数人同时也都被欲望控制着，所以不善理财。欲望也是一种情绪，要怎么控制呢？

要延迟满足你的欲望。也就是多想想：获得了长期的财务自由，那有多么快乐。用被动收入去购买汽车，那有多么快乐。用被动收入去购买房屋，那有多么快乐。不用工作，都能过着理想的生活，那有多么快乐。当你购买到最好的西装、手表，用的只是你的资本所得，那有多么快乐。除了资本所得，你的资本还在给你带来更多的资本，那有多么快乐。你有一只金鸡在下金蛋，只是用金蛋换手表、衣服、汽车、房屋，你的金鸡却不会因此而消失，那有多么快乐。

只要你懂得延迟满足某些欲望，而不是一赚到钱就立即去满足它，你当然就会明白长期的快乐大于眼前的快乐。

倘若总是被欲望所控制，让你的金钱毫无节制地被挥霍掉，留不下任何资金去创业、投资、理财，累积不下任何资金去购买资产，你会遇到的痛苦是什么？再想想，累积下资金以后再去满足你的欲望，那有多么快乐。

当你把快乐点放在未来，你就能忍受眼前的欲望，你就能控制眼前的快乐。克服恐惧，把恐惧点转移到比创富更大的恐惧上，不创富就等于恐惧。把快乐点转移到创富的长期快乐上，你就能做出生命中最重要的决定，改变你的人生轨迹，而不再受情绪所控制。

2. **控制好情绪**。这样你就能利用你人性的本能去做你该做的事情。做该做的事情，要在应该做完的时间内把它做完，不要只是贪图自己喜欢，这就是一种自律。

想要创造更多财富，既需要有财经知识、投资理财能力，又需要找到心灵的动力，能够控制情绪，更要有行动力、营销方法、销售技巧去打造你的赚钱机器。

有些人很有钱但没有时间，这不太理想；有些人有很多时间但没有钱，这也不理想；而在拥有更多收入的同时，还能享受更多的时间，这才是最理想的人生。

所以，不要先变成一台赚钱机器，而要先打造属于你自己的赚钱机器。

我从小不喜欢打卡，签到，上班下班，领薪水看别人脸色，我不喜欢为钱而工作。我以前工作的那家公司有2000多人，有20多家分公司。我曾经跟我的总裁讲，我只是一名小小推销员，但我想帮你当助理，替你拎皮包，你开口我记笔记，你吃饭我付钱，你口渴我倒水，我给你当助理，不要你任何一分钱薪水。我从一名小小推销员变成他的助理，目的是要学习如何管理一个大型销售团队。

当你不为钱工作的时候，别人知道你不是一般的人，愿意把合作机会让给你。

多年前我在北京遇到一个人，他说杜老师，我想做你的助理。我说你想要做我助理的话，不给钱你干不干？他说干。于是我聘用他了，连续六个月他都免费给我当助理。六个月之后我在北京的分公司需要一名总经理，于是位置留给他了。因为我觉得他不为钱工作，他一定不是普通人。我在上海也曾遇到这样一个人，他免费不要钱替我工作六个月，他后来变成了我公司的合伙人。

不为钱工作，可以带来心态上的不同，心态上的不同会为你带来真正建立事业的一种能力，因为你懂得克服恐惧，因为你懂得战胜欲望，在你不为钱工作的时候，已经完全养成了这种自律的精神。

大多数穷人是脑袋先穷，所以口袋穷，富人是脑袋先富，所以口袋富。

很多人觉得有钱人的想法都很奇怪，其实那是很正常的，因为正是想法不同才导致结果的不同。所以如果你想要有跟他有一样的结果，你先要了解他有什么样的思想。

打造赚钱机器的第一步骤叫改变思想，因为每一个思想都会影响你做决定，你的决定只要一做，就会产生不同的行为，而每个行为都会产生一个结果。你不要问自己你的想法对还是不对，你要问自己，我的结果好不好，你现在拥有的命运，是不是你最想要的结果，如果你不满意你目前的结果，那你应该改变你的想法才对，这叫做命运方程式。

思想没有对与错，主要看你要的结果是什么。

每一个人要的结果不一样，雇员有雇员应该有的想法，自由职业者有自由职业者应该有的想法。如果你不想在左边，你想在右边，你就要换掉想法，因为大企业主有大企业主应该有的想法，投资者也应该有投资者具体的想法。

我们说想变富，先要改变思想，那么如何改变思想呢？

第四，输入潜意识。

人的想法分为两个层次，一个叫表意识，一个叫潜意识。表意识负责判断是非和对错，但是真正影响你的却是你的潜意识。潜意识分不清楚事情对错是非黑白，当你的大脑一旦进入一个想法，潜意识就会像条件反射一样，命令你执行某种行为。

比如有的人开车，开到路口就自动右转了，有的人喝醉了，却还能走回家。这些都是潜意识的影响。你的表意识越模糊，潜意识就越活跃。

人脑就像电脑一样，输入什么指令，它就输出什么行为。如果你的潜意识存了太多负面的想法，你就会做出许多负面的行为，因为潜意识的力量比意识的力量大3万倍以上。

年轻人或者孩子，他们的意识通常比较薄弱，所以比较容易改造潜意识，也比较容易输入潜意识。

潜意识要怎么输入呢？第一是相信，第二是重复。

假如你不相信的事情，别人讲多少次也没用。假如你相信什么事情，并且重复地让你看到或听到同样一个观念，时间越长重复的次数越多，重复的次数跟输入潜意识的效果是成正比的。任何信息重复一次，只记住20%，重复16次大约能记住95%。比如这本书，如果你看了一次，你只能知道但不能做到，你必须重复阅读这本书，如果阅读的次数超过16次，这些信息已经进入你大脑的效果将超过95%。

为什么现在我能够在全国各地演讲，我只需要知道我真正要讲的主题，上台我就可以轻松地讲一天、两天，甚至三天。我不需要准备，也不需要看讲稿，因为所有的信息已经完全输入我的潜意识了，我讲的次数实在太多了。ABCD很简单，九九乘法也很简单，那是因为我们当初在不断地把它们输入大脑，直到可以背诵出来。

所以重复是学习之母，那么我们通过什么管道来重复呢？

一种方法是可以通过视觉管道。比如你大脑里面常常可以看到你已经成为企业家的画面，或者成为百万富翁、千万富翁甚至亿万富翁的画面。你可以把你想实现的目标变成图像贴在墙上，这样你可以常常看到你成功后的景象，这个视觉图像在大脑里播放的次数越多，输入潜意识的效果就越强。

另外可以通过听觉管道。比如有的人生病了，经常去宗教场所祷告，时间一长他感觉自己的病真的好了，信心也变强了。从心理学的角度来谈，有可能是因为他祷告的声音输入了他的潜意识，于是他的潜意识就命令自己的病要快点康复。所以祈祷其实是在输入潜意识。

所以，你要改变的其实是你潜意识中的思想。

每个人潜意识中的思想，又分成四种不同的思想。

第一种叫信念。信念就是你所相信的事实。你从小到大相信什么，它会形成你的思想体系，进而影响你做出的决定和采取的行动，最终影响你创造出来的结果。因为你所相信的每一个想法，都在你大脑里面变成了错综复杂的信念系统。

从小我就常常对爸爸讲，我不是一块读书的料，你不要逼我读书了。我头脑有一个信念：我不是读书的料。结果我爸爸说，你学到夜里12点，明天考试一定考得非常好。我说爸爸，学到12点我也考不好，不相信我学到12点给你看。因为觉得学到12点也没用，所以没有认真去看书。第二天考试的时候，也不会认真去考，所以当然考得不好。于是我对爸爸说，你看，我不是读书的料吧？我学到夜里12点了，还是考不好啊。

我相信“我不是读书的料”这样一个想法，变成了我负面的信念，于是创造出负面的结果，负面的结果导致我更加相信我不是读书的料，因此变成恶性循环。

有些人做事很有信心，他坚信自己一定会做到，这种信念让他做出积极的决定，从而采取积极的行动。即使失败了，他也不会放弃，因为他相信失败是暂时的，他一定能做到，所以他会坚持到达成目标为止。达成目标导致他有很强的信心和信念来做出更大的事情，这叫良性循环。

你相信什么，你就变成什么，你就会做出什么事情，这叫信念。

第二种叫情绪。一个人痛苦、悲伤、情绪低落的时候，他就会做出消极的事情；一个人每天都很振奋、开心和快乐，他的行为品质就会有好的表现。所以一个人的情绪和身心状态，会影响他大脑做出的所有决定和行为。

任何的事情发生，通过你大脑的注意力，会演变成你的情绪。

注意力就等于事实，你注意什么，它就会在你头脑里面，会不断地扩大充满你的生命。

那么如何改变注意力呢？把你头脑中好的画面换成想好的画面，问自己好的问题，把注意力放在你要的结果上。当发生不好的事的时候，马上问自己五个问题。

第一个问题你要问自己，发生这件事我学到了什么？不管发生任何事情，即使再不好的事情，你都可以把它当成学习经验，就当你又上了一课，然后总结你从中得到了什么教训，以后该如何避免。当你把它吸收成对你有利的经验的时候，即使再差的事情，它的发生对你来说都有可能变成好事。

第二个问题你要问自己，发生这件事还有什么不完美的地方？“不完美”听起来和“失败”是很不一样的感觉，你要问自己还有什么不圆满的地方，而不是问自己这个事是不是很糟糕。

第三个问题你要问自己，发生这件事对我有什么好处？因为即使发生再不好的事情，都可以从中找出对你有利的一面，任何事都隐藏着至少一个好处或者机会。

第四个问题你要问自己，哪些错误不能再犯？这样至少你知道了以后同样的错不能再犯，以后你就离你要的结果更近了一步。

最后一个问题你要问自己，我要如何快乐地达成这个目标？

第三种叫见识。你从小到大所看到的、听到的、遇到的事物，都会输入你的大脑潜意识，来影响你的决定、行为和结果。一朝被蛇咬，十年怕井绳，你的心灵版图扩展到多大的程度，你有没有见到过亿万富翁是怎么治理企业的？你有没有见到亿万富翁是怎么生活、怎么赚钱和怎么享受人生的？你有没有见到过收入比你高十倍的人，他是怎么生活的？如果你见到过，你就会发现，他们跟你真的有很大的不同点。你要去拓展你的见识，增加你的心灵版图。自我沟通也会在你大脑里面，影响你做出决定。

第四种叫自我沟通。你的人生想要什么样的答案就看你问自己什么样的问题。很多人一天到晚问自己消极的问题，我怎么这么倒霉？于是找出很多的原因来证明自己很倒霉。我怎么这么不如别人？于是找出很多答案证明自己不如别人。我怎么这么穷？于是找出答案来证明自己不会赚钱。

你应该问自己一些积极的问题。为什么我这么幸运？学到了这一套课程，你应该问自己，我应该怎么做才能实践打造赚钱机器的八大步骤，你应该问自己明天怎么样多赚300万美元，你不要问自己明年怎么赚3万块钱，人生问题的大小决定了你人生结果的大小。一般人很喜欢问自己小问题，比如大学毕业之后他就会问自己，我怎么样才能找到一份每月3000元的工作？于是他最终得到的工作，月收入不会大于3000元。他的结果决定于他问自己的问题。很多人为什么能赚3万元、30万元、300万元、300万美元？因为他问的问题比较大，他可能在问自己，我明年怎么赚到3000万元？他可能在问自己，我怎么样才能拥有3亿美元的事业？他问大问题，他得到的答案未必是大答案，但一定比3000元的答案大很多。

在八大步骤中，最关键的第一步就是改变思想。思想没有改变，任何教你的方法步骤对你来说，都会被你排斥掉，你会跳过所有不符合你想法的做法，你只愿意去做你自己认为是对的事情。可是你过去的想法和做法造成了你过去的结果，如果你今天不肯改的话，你什么时候才能有新的结果呢？有一只苍蝇想飞出窗外，往同样的方向飞100次，撞到100次玻璃，他再往同样的方向飞100次，他还是只会撞到100次玻璃，想要飞出窗外，就要有新的方向飞出去。

改变思想，就在给你新方向，协助你引导你，去找出一片新的天空，找到一个突破口，去突破你的人生困境。如果你现在状态已经非常好了，事业版图已经非常大了，你想更上一层楼，还是可以找到突破口，只要你依照我给你改变思想所设立的这些课程去做。如果今天你听到的是杜云生老师在教你改变思想，可能一年后你可以多赚十倍二十倍不是问题，如果今天是李嘉诚来教你改变思想，你可能一年可以多赚上百倍、千倍都有可能。

第二节　大量——小钱多了就是大钱

山姆·沃顿开第一家沃尔玛超市时的策略就是比竞争对手的商品价格要低，并且提供比竞争对手更好的服务。

他经常去考察竞争对手的商品价格，消费者都是因为价格更便宜而聚集到沃尔玛来购买产品的，而竞争对手的产品因为没有沃尔玛的价格低，失去了很多顾客。

当沃尔玛的消费者逐渐增多的时候，它的进货量就大了一些，成本也就低了一些，利润空间也就更大了。

这时山姆·沃顿主动降价，降价之后又吸引了更多人前来，而对手因为打不赢价格战，纷纷倒闭了。

山姆·沃顿的沃尔玛垄断了整个城市的市场之后，开始开连锁店。连锁店多了，能够同时进货，成本更低了，所以他们的价格就更低了。

他在全世界开了6000多家连锁超市。现在他虽然去世了，但他的家族还是最有钱的家族，一个超市的事业让他的家族拥有了亿万的资产。

为什么呢？因为量大是所有致富的关键。量大的情况下，不论你是高端价格还是低端价格，你都一定会致富，因为此时赚钱机器正大量地生产财富。如果只生产少量财富，你的生活质量就会降低。

前一段时间听到了一个惊人的事实，麦当劳平均一天可以开一个连锁店，如果你的公司在一天就可以开一个店，几年之后你会不会成为亿万富翁呢？

所以，如果你想要打造赚钱机器，你想要赚大钱，你就要想到如何让量变大起来。

如何让量变大呢？第一，找更多人来买你的产品；第二，找更多人来卖你的产品；第三，找更多新产品来卖给原来的老顾客。

当你有更多消费者和更多销售者的时候，你的渠道被建立起来了。这台赚钱机器被建立起来以后，你拿任何新产品来让你的老顾客消费，这样你的量就自然会不断变大，收入也会不断倍增。比如保险公司找更多的人来买它的产品，找更多的人来卖它的产品，推出更多的险种来卖给原来的老顾客。比如麦当劳让更多的人来买它的产品，招募更多人来开店，推出更多的新食品、新套餐。

几乎全世界大型的化妆品公司、日用品公司以及直销型的企业，都在不断地重复这三件事。凡是赚大钱就要靠量大，凡是靠量大就得做好这三件事。当然，不只是销售产品是这样，如果你投资房地产也是同样的道理，要大量。当你把量变大的时候，你自然会赚大钱。

第三节　系统——一只无形的手

第三个步骤就是让量变更大的方法，让你的企业自动为你赚钱的方法，叫做系统化。

什么叫系统？我在前面第三章里讲过，雇员没有拥有系统，他在为系统工作；自由职业者和小老板本人自己就是系统；企业主建立系统并拥有系统，是系统在为他工作和赚钱，比如麦当劳在全世界有一套开店系统、培训系统、卖货系统、广告系统，所以老板本人不用亲自在店里工作，全世界有很多人在帮它做汉堡包、卖薯条、卖炸鸡，这叫靠系统赚钱。投资者拿钱投资给别人去打造系统。

给系统下一个明确的定义：系统就是一套可以被复制的流程。

当这个可以被复制的系统比较完善的时候，就可以授权给很多人，让大家一起来操作这个系统，销售量自然很大，而此时不需要老板去做任何事情。

你到底是需要轻松而且销量大，还是需要很辛苦而且销量小呢？如果是前者，那么你一定要先让自己的企业系统化。

不仅如此，系统化之前一定要先标准化。

日本的麦当劳曾经公开一个秘密。麦当劳总部研究过人们在喝可乐的时候需要怎样的吸管，什么样的硬度才会让可乐的流量使人的精神感觉到愉悦。

于是，他们仿照小孩喝母乳的流量制造了吸管，所以，很多人认为在超市买的可口可乐不如在麦当劳喝到的感觉好。

他们连科学化的吸管制作也要复制成标准化，要加多少冰块才能让可乐的温度最好同样也做了标准化的规定。而且每一家店的服装、装潢、口号、音乐、几分钟打扫一次卫生，同样都做了标准化的规定。

一旦标准化了就可以复制给任何一家店，而且消费量会更大。

我常常在课堂上问我的学员：“企业最重要的是人才，对不对？”学员异口同声地说：“对！”

这个是人们长期以来被格式化了的观念。我个人却认为不是这样的，我认为，**系统比人才更重要**。我们想想看，麦当劳、肯德基都是什么人在管理？很多都是年轻人在管理，阿姨级别的人在工作。

炸薯条的人不干了，肯德基会倒闭吗？不会的。因为每一个人都在系统中工作，而不是靠才华在工作。这些雇员只是赚钱机器的一个螺丝钉，坏了大不了再换一个，而这个机器的流程才是最重要的。肯德基是靠一个系统在经营，而不是靠一个人来经营。

“一个成功的企业96%靠系统，4%靠人”，这是著名企业顾问戴明经常讲的一句话。我们都知道日本的服务是最好的，那是因为他们的系统好。戴明是美国人，美国人提出的这个理论却让日本人接受了。第二次世界大战后，日本的企业不断成长，做出高品质的产品而且价格相对较低，并出口到全世界，这正是因为采用了戴明博士的理论。

是产品重要还是系统重要呢？有些人认为是产品，而我个人认为**系统比产品重要**。

麦当劳的食物是世界上做得最好吃的吗？不是。炸鸡是肯德基做得最好吃吗？也不是。但你要知道，最赚钱的是麦当劳，炸鸡卖得最多的是肯德基。

不是最好的食物却能卖出最多的销售业绩，这是为什么呢？就是因为其后面的销售系统。即使你可以做出比他们还要好吃的食物，但你做不出他们的销售系统，所以你开的餐厅没有他们那么赚钱。

我们再来看看中餐的例子。人们通常会认为中餐没有这么好的系统可复制，为什么呢？因为西餐比较简单，而中餐比较复杂。一个大厨师培训一个新的厨师需要多长时间呢？许多人说，需要三年。

肯德基培养一个炸薯条的员工需要多长的时间呢？答案：需要一天。因为肯德基有标准的工作流程，只要照着做就会做好。

我曾经在一家超市看到一包炸鸡粉包装上的展示图片非常好看，服务人员介绍说，你只要回去把这个裹在鸡肉上面就可以炸出香脆的鸡翅。我听了就买回家，可是炸出来的鸡翅却远不如包装上的展示图片那样好看。

可见，没有一个完整的系统，是不可能有一样的结果的。

那么如何来拥有系统呢？

第一种方法叫创造。创业成功只有5%的几率，五年之内95%的公司都会倒闭，所以创造一套系统非常不容易，即使成功了，也要花掉你很长的时间 。

第二种方法叫加盟。比如麦当劳说要加盟麦当劳，请你付我400万元，你自己去找一个店我来衡量是否可以开，衡量完之后如果可以开，你必须自己出钱买设备、进原料，开始卖东西，付我培训费、加盟费之外，每一年赢利我都要从中提成。

为什么你付它这么多，你还要自费去开店？因为你买的是它背后那一套运作麦当劳的系统和模式。

人家奋斗了几十年把成果直接授权给你，你节省了几十年的时间不用再去摸索，你付给别人钱买回自己的时间，加盟正式有效的模式，可以帮你节省时间。在韩国曾经有人开麦当劳倒闭，因为不遵守系统的步骤，结果失败。麦当劳在美国开店成功率最高的全是农民，因为他们没有知识，所以听话照做，遵守系统，遵守合约，100%照做的，结果赚大钱。

他们现在规定得非常严格，厕所几分钟清扫一次，放什么音乐，灯光的明暗度，汉堡在什么时段要维持多少的量，每天卖多久就要扔掉，等等。这个流程都被管制住了，合约签下去你不照做，就赔钱。因为他们经过科学的验证，肉片多厚才好吃，面包烤多焦才好吃，可乐加多少冰块喝起来才爽口，吸管的口径要多宽感觉才最愉悦。这些全部都被测算过了。

别人经过科学分析证实有效的模式，你只要付钱加盟，立刻可以得到。加盟相对来说，比创造一个系统更快速、更方便赚钱，但是你要会选加盟主。

第三个方法叫购买。如果李嘉诚现在要来中国开餐厅，他不会自己创业，也不会加盟别人，他会直接买下现成的大酒店或餐厅连锁店；如果他要来开广告公司，他会买下全中国最赚钱的广告公司股份。

你可以选择上述的三种方法去拥有系统，但是很多创业家没有钱去加盟和购买别人的公司，因此他想要自创系统。

那么如何来创造系统呢?

第一步是标准化。什么叫标准化？有一个五星级大酒店的老板到一家餐厅去用餐，接连三天，每天两餐，总共六餐。三天之后，他把餐厅老板找来，说我要买下你这家餐厅。你知道为什么吗？因为连续三天，他都点了同样的菜。结果菜色和味道完全一样，葱花多少，排骨多宽，萝卜几片，汤的水位和温度，海带的长度，都是一模一样的。他觉得这家餐厅很了不起，因为他们的每一道菜都完全标准化了。因此他决定买下这家餐厅。

内行人管理一个企业管的是系统，考察一家企业考察的也是系统。

第二步是流程化。什么叫流程化？如果标准是一个点，那流程就是点与点之间的线。把每一个标准有机地串联在一起，并且不断改进流程，让它更省钱，更快速，让它服务得更完美。从接到电话什么时候转给后勤部，后勤部什么时候转给决策部门，决策部门什么时候转给售货部门，售货部门什么时候转给客服部，都是有明确规定的。

就拿航空公司来说，以前我们订机票要到民航售票处，后来可以让各大售票网站或旅行社上门送票，你只要拨通电话，告诉对方你的需求，确认信息以后就有人把票送到你家或你住的酒店。他改进了一个卖票的流程，顾客感觉很方便，所以销量因此变大了。然而现在呢，你不用等别人送票上门了，你可以在网上预订，不需要拿到机票，到机场报出身份证号，柜台自动会给你登机牌。这叫电子客票。这个流程的改进既可以为航空公司省钱，而且顾客更方便，员工更轻松，何乐而不为呢？因此现在电子客票已经非常普及了。

第三步叫格式化。什么叫格式化？管理专家发现，安排一个工人去做一根钉子，如果钉子有10道工序的话，工人要自己从头做到尾。如果安排10个工人，一人做一道工序，10个人合力完成一根钉子。比较下来，后者比前者更有效率，钉子的品质更完美。格式化就是将制定好的标准放在一个方格内，让人在方格内100%地严格执行标准。而且一个格子里面只做一件事情，让好几个格子合在一起来完成一项任务。

这不只是工业时代生产线上的管理方法，同样也可以运用在商业时代，在商业活动中创造商业系统。

第四节　复制——增加为你赚钱的人

目前有多少人在负责你的收入？如果目前你旗下只有10个人在负责你的收入，而你想要增加10倍收入，那就应该让100个人来负责你的收入。

好比我以前只在上海有一家公司，现在我在全国有六家公司，收入当然比以前高很多。

有一次我在课堂上问我的学员："你们当中谁想让自己的收入越来越高，空闲时间越来越多？"其中有一位女士举手。我问她："目前负责你收入的有几个人？"她说："一个人，就是我自己。"我说："如果有十个人在赚钱，每一个人给你20%，那你的收入就是现在的两倍。为什么没有十个人来养你呢？"她回答不出来。

还有一次，同样是在课堂上，我问过一位学员，我说："这位女士，请问你想增加收入吗？"

她说："当然想。"

"目前有多少人在负责你的收入呢？"

"只有我自己一个人。"

"你一个月收入多少钱？"

"一个月只能赚8000块。"

"你想赚多少？"

"我想赚80000块。"

我说，那就把你赚钱的模式教给更多人，当别人因为你的教育和培训而赚更多钱的时候，你就有权利从中提成了。她是一个销售人员，于是她开始带销售团队。后来她的月收入超过了80000块。

因此要想增加收入，必须记住一句话：增加决定你收入的人。

增加负责你收入的人，就是增加你的销售网，增加你的销售分公司，增加你的经销商，增加你的员工。麦当劳有这样

做，肯德基有这样做，保险公司有这样做，几乎所有赚大钱的公司都有这样做。

方法很简单，就是将你的技术复制出去，将你的赚钱能力复制出去，让别人来代替你工作——不能复制给一个人，而是复制给很多人，让团队来为你工作，只要有一个人或者是一个团队可以取代你，你就可以把这个模式复制出去。

即使他们需要赚钱，你付给他们的钱只要小于他们给你赚的钱，只要复制的量大，对你来说就是值得的。

在你增加给你创造收入的人时，你还得对他们进行选择，不是所有人都可以接纳进来。更重要的是，你必须让你增加收入的方式切实可行。

为什么我要在我的公司录制VCD课程呢？因为我要让那些想加盟我公司的人，也能够得到我完整的培训。但由于我的时间有限，我不能够同时分身去不同的地方，但我录制的VCD可以复制出无数个我，所以，全国的销售团队都可以接受我原版的培训。

我不但能够复制给更多的加盟公司，而且可以复制给更多的销售团队，我的收入肯定会越来越高，而我的空闲时间也就会越来越多。

那么，可以通过哪些渠道来进行复制呢？

复制的三种工具：文字化，图像化，影像化。

什么叫文字化？比如我将所有销售的话术具体成文字，变成一本一本的书，让我的所有学员和员工都能够把它们背下来，这就叫文字化。

什么叫图像化？很多餐厅把它们的菜色拍下来，把装修的过程拍下来，以便让下一个要开分店的人可以看到，这叫图像化。

第三个叫影像化，将做菜过程录下来，将演讲过程录下来，将员工打电话的流程录下来，这就叫影像化。

如果你增加收入的方式切实可行，可以通过这三个工具来进行复制，让每一分每一秒都有钱流进你的账户，即使你睡觉的时候，即使你停止工作的时候。

所以，富人每一分每一秒都在做复制工作。

第五节　杠杆——以小博大

这是我每一次在课堂上都会提到的问题："姚明的身高是两米多，如果你是一个身高只有1.6米的小女孩，你们两个打架谁会赢呢？"回答一般都是说："肯定是姚明会赢啊！"我说："错，你会赢。"

怎么样才会赢呢？我说："假如你在远处拿弹弓把他的眼睛打坏，他不就倒下去了吗？你就赢了啊！"他们哄堂大笑。当然，这是玩笑话。

什么叫做弹弓？弹弓就是杠杆。

阿基米德曾经说过："只要给我一个支点，我就可以撬起整个地球。"

这个杠杆可以用在赚钱上吗？如果你的物理老师知道你问这个问题也许会骂你财迷心窍，因为你学杠杆原理是为了考高分而不是为了赚钱。现在，我教你利用杠杆原理可以让任何一个小企业超过大企业，也就是所谓的"以小博大"，也可以让一个人成为亿万富翁，甚至是零资本创业。

三大杠杆

杠杆一：利用别人的金钱为你赚钱

如果你没有钱，杠杆原理将告诉你如何利用别人的钱为你赚钱。

台湾某保险公司，现在是台湾地区非常知名、非常庞大的金融集团，是以做保险起家的。

保险的原理就是，客户今天买保险花了十几万元，在他困难的时候可以获得十万元以上的赔偿。

难道保险公司不会倒闭吗？基本上是不会的，因为不可能同一天有很多人都找你理赔，除非发生了类似“9·11”事件这样的灾难。

保险公司做过统计，在正常情况下，人出现风险的概率对保险公司是安全的，保险公司是把大多数人的钱聚集在一起救少数的人，所以，保险公司在外面卖保险的时候，那些还没有出事情的人是不会要求他们赔偿的。

这本身就是一种杠杆原理。保险公司的钱实际上是保户的，因为保户随时都有可能受保护理赔。保险公司的老板也知道这个道理，所以在大家还没有退保理赔的时候，他就用资金买了大量的地皮，成立公司盖房，再把房子租出去，收来的租金就是企业所得。当初这些钱是保户的，现在这些钱却变成老板的了。

所以，这个老板是在利用别人的钱为自己赚钱，就算你退保了，你也要租房子，在经济发达的时候，大、中、小型企业都要租房子，而这位老板就是台湾地区最大的房东。

想象一下，我借你的钱盖房子，然后把房子出租给你，收取房租，就等于我用你的钱赚我的钱，是不是呢？

这就是一种杠杆原理，借力使力可以少费力。

一个人投资了一块地皮盖房子，假设这个项目总投资为50亿元，他会不会到银行申请贷款呢？答案是，会。

他有钱也不会用自己的钱投资，他会向银行贷款，而银行当然很乐意借钱给他。

那么，他需要自己还贷款吗？

我们设想一下。他只需要在盖好地基的时候预售期房，投资房地产的定金就可以用来还贷款了，假设他要盖50层楼，他可能卖20层楼所得的收入就能收回所有的投资了。

剩下30层楼的收入，就是他自己的了。

他预售房地产就可以把贷款还了，并且把楼盖起来，还能得到50亿元的赚钱机器。

照这样的想法，他不用花一分钱就可以得到赚钱机器。

事实未必是这样，但基本原理就是如此。

越有钱的人越会借钱。有人会问，他这么有钱了，为什么还要借钱呢？因为个人的钱再多也是有限的，他越借钱就会越有钱，银行的钱无限多，他的投资就会无限大。

如果一个人打工，一个月挣2000元。他并没有把2000元全部花掉，花1000元，存1000元。1000元花到哪里去了呢？花到商人那里去了，譬如娱乐、吃饭。另外1000元存到银行，可以赚取一些利息。银行为什么愿意付利息呢？因为生意人做生意没有钱，要向银行借钱，还银行更多的利息，所以银行可以赚取中间的利息差。

对银行来说，拿别人的钱借给另外的人，然后赚更多的钱，这就是它的杠杆。

但是，商人呢？把钱借出来之后，虽然要还利息，但是他可以通过赚消费者大笔的钱来还银行，那样就是值得的。

从这个金钱的流动过程上，你看出什么了？如果这个人是你，一个月赚2000元，花1000元，存1000元，老板把你存到银行的1000元借出来，做生意赚你的钱，你当然越来越穷，他当然越来越富！

你宁可把钱存进去，也不肯借别人的钱来做生意；而富人宁可把钱借出来，虽然要还利息，但他却可以赚更多的钱。

所以，贫者越贫，富者越富。

杠杆二：利用别人的经验为你赚钱

我在20岁那年，遇到一个50岁的人，我对他讲我在未来会赚大钱，我要成为创富教育专家、畅销书作家、一流的演说家。我乐于从事教育行业，我要在教育行业做到第一名。

当时这个50岁的老人非常瞧不起我，他跟我说，你年纪那么轻，怎么可能赚到大钱，因为你既没有本事，也没有能力，更没有经验。

虽然当年我只有20岁，但我已经向世界各行各业超过100位亿万富翁学习过，若每人给我20年的经验智慧，我就拥有2000年的智慧。

这位先生虽然50岁了，但他不肯学习，只有50年的智慧，我赚的钱当然比他多。

我在25岁那一年又遇到他，他对我说：“你怎么可能5年赚到的钱比我一辈子还多？”我对他说：“虽然我自己本身没有经验，但我懂得利用别人的经验。”

杠杆三：利用别人的时间为你赚钱

我曾经问过一个小姐：“你为什么来学习创富教育课程？”

“因为我想使我的收入增加1倍。”

“如果我教你一个使你的收入增加两倍的方法，你有没有兴趣？”

“有啊！”

“你每天工作多长时间？”

“8小时。”

“从明天开始，你每天工作24小时，就会增加两倍的收入了。”

全场哄堂大笑，谁都知道这是不可能的事情，但从理论上来讲，如果每天能工作24小时，她应该能增加两倍的收入。但是，正常人都没有那个体力，所以，她的时间再多，也不可能用这部分时间去赚钱，一定要学会用别人的时间去赚钱。

某寿险公司的董事长非常了解这个道理，他招募了30万名员工为他销售保险。

让我们来设想一下，如果每人每天为他工作3小时，他1天不用工作，却有 90万个小时的时间在为他工作、赚钱。

而前面我们提到的那位小姐，就算1天24小时工作，30天就是720个小时，每个月的收入只是目前的3倍。

1年12个月，是8640个小时，100年不眠不休地工作，才864000个小时。

持续100年，1200个月，她赚到的钱也没有那位寿险公司的老板1天挣的多。

900000:864000，别人1天的收入就可以超过她100年的收入，因为别人懂得利用别人的时间。

你如果能想出一个方法，让大部分人在为他自己赚钱的同时，也与你有关系，你就可以更省时、更省力，增加更多的收入！

销售什么产品可以更轻松却更畅销，而且获利更高?

同样是销售产品，你要销售符合“三高”标准的产品，即高品质、高附加值、高利润。

同样价格的情况下，高品质的产品一定比较好卖。

高品质的产品可能让你投入更少，卖掉更多；如果同时又有高附加值，例如设立售后服务全球网点，你可能投入得更少、卖掉得更多；高品质又具有高附加值，而且还有高利润，你可能卖掉的产品数量没那么多，却早就已经赚到比卖一般的产品更多的钱了。

所以，要卖就卖有这三个特色的产品，你就可以借助产品本身的推动力去赚更多的钱。

这也是我为什么会让自己的教育事业越做越好的原因。因为我只销售高品质、高附加值、高利润的产品，所以我可以更轻松、更省时、更省力地赚取更多的利润。

你的企业也要做这样的事情才会符合杠杆原理。

加速成功的三部曲

第一，帮强者工作。

第二，与强者合作。

第三，找强者帮你工作。

在我还默默无闻的时候，没有人相信我能帮助他们，所以，我推销我自己不是最理想的。我选择了当时最著名的励志导师的课程和教材，由于我所销售的区域没有其他人在销售这些，因此人们没得选择，只能向我购买。

当我慢慢有了实力之后，我开始与成功者合作，与这个行业中的优秀导师合作，大家为了学习优秀导师的技能，而让我公司的业绩倍增超过1000%。

当我的实力慢慢又增加了一些之后，我开始做第三件事情，找强者为我工作。

找一个普通人可能薪水比较少，找一个优秀人才，可能要付给他相当于普通人10倍的薪水，但是只要他能帮你赚到的钱大于你付给他的钱，你所找的最优秀的人才就等于是免费的，同时既节省了时间，又省了培训费，而且立刻就赚到了钱。

就算找10个普通人，你还要付出代价培训他们，给他们时间磨炼，让他们得到经验，这个过程中他们还会使你损失顾客，可能他们还未必能赚到你理想中的收入。

找强者帮你工作，即使价格最高，也符合杠杆原理。

任何想要快速成功的人都需要遵循这三个步骤：帮强者工作，与强者合作，找强者帮你工作。

接受培训会产生奇迹

当初的我内向、害羞，现在的我已经成为在全国进行巡回演讲的演讲家，可以对着成千上万的人演讲；当初的我负债累累，现在的我月收入超过七位数字；当初的我连房租都交不上来，现在却连收房租都忙不过来；当初没有人认识我，现在的我已经变成了畅销书作家；当初的我是一个中学的退学学生，而现在却有各大高校的MBA请我去为他们演讲，其中也有博士后在学习我的创富教育课程。

我这么说，好像有点自吹自擂或者夸大其词的嫌疑，但这些的确都是发生在我身上的奇迹。

我真正要表达的意思并不是我很能干，也不是我很聪明，因为这一切都是由于我愿意接受世界一流的培训。我愿意接受更多的培训，正是它让我改变了我的命运，这就是一种杠杆原理。

学好时间管理

只要你学好时间管理，就可以用更少的时间赚到更多的钱。你可以更轻松却更赚钱，更省力却能够做成更大的事业。什么叫时间管理？时间管理的目的是为了达成目标。假如今天有一个人现在一年只能赚100万元，他的目标是3年之内赚1000万元。照他目前的工作方法这样做下去，他可能十年后也能赚到1000万元。问题是他想要在3年之内赚到这1000万元，也就是说要把十年赚1000万元的事情浓缩到三年的时间里面来。所以他必须有一个目标，并且目标有一个期限。他现在三年之内要做到能赚1000万元的事情。换句话说，时间无法管理，时间是一分一秒往前走的，你只能管理事情，每个人一天的时间都是一样多，但是在这一段时间之内，你做了哪些事情，决定了你时间价值有多高。

所以时间管理是为了实现目标。如果你没有一个目标，你的时间做什么无所谓，你的时间就失去了价值。如果你有一个目标，比如财务目标、收入目标、利润目标、营业目标等等，你的时间就必须去做好每一分每一秒的管理，让每分每秒都能创造更大的价值。

另外你要相信时间大于金钱。很多人交钱来上我的课程，他们交的钱并不是买门票、买知识，也不是买我十几年的时间，而是买他们自己十几年的时间，否则他们就要花十几年的时间去学习，去摸索，去犯错。

因此，你的每一分每一秒只能做符合以下四个条件的事情，才最有价值。

第一，没有人可以取代，只有你能做，别人无法取代。

第二，当你做得非常好的时候会产生最大的绩效。

第三，你非常地热爱这件事情。

第四，你非常地擅长这件事情。

一个人可以做很多事，但如果有些事别人能取代，你干吗亲自去做？如果有些事做起来效果没那么好，你干吗亲自去做？如果你不热爱这件事情，你干吗亲自去做？如果你不擅长这件事情，你干吗亲自去做？

你应该只做对你来说能产生最高价值的那一件事情。顶尖人物都是一生只做一件事的，事情越少越好，事情越专越好。通常顶尖人物都是他那个领域的天才。他发现了他的天才领域之后，他一生只做一件事。比如姚明每天只需要把球练好，刘翔每天主要在练习跑步跟跨栏，比尔·盖茨每天在不断地思考他企业未来的方向……每一个人都有对自己而言的天才事项，你应该首先分析出你的天才事项是什么，然后集中精神做好这件事情。

如果刘翔跟姚明比赛篮球，可能会输得更惨，如果姚明跟张学友比赛唱歌，也可能会输得很惨，如果张学友跟比尔·盖茨比赛经营企业，可能会输得很惨，如果盖茨跟泰森比赛拳击可能也会输得很惨。因为这是拿自己的弱项去跟别人的强项比赛。可是现实生活中有很多人却在进行这种不公平的比赛，明明他擅长艺术，却偏偏跑去跟别人比赛商业，于是他在商业上会输得很惨。明明他擅长做销售，却偏偏跑去做研究，于是也研究不出什么来。明明他擅长思考，却偏偏跑去做销售，结果也卖不出东西。**因此每一个人都要找出自己的天才领域，人在适合的位置可以变成天才，在错误的位置就可能变成蠢才。**

当你找到了你的天才领域，并且集中精神在那一件事情上面，你时间的价值不就翻倍了吗？你收入要提高不就变得容易多了吗？

同一类的事，应该在同一个时段同一个地点做完。比如，早上9点到12点，只安排和客户见面。下午1点到3点就只做服务。3点到6点，你只做领导。6点到9点，你只学习。每个时段做的事情最好都在同一个区里进行，这叫同一个时段，同一个地点，只做同一件事情，你的效率会提高，你会节省路费，节省时间成本。你会集中精力，在一个惯性中把一件事做到最好。这叫三同时间表。

当你分析出你只做什么事，不做什么事之后，你要在你的时间表里排好，在同一时间段，同一地点只做同一件事情，然后你就照着时间表做事。你会发现，你的时间节省了，而你的效率却提高了。这就是时间管理的功效。

有效的授权

什么叫有效的授权呢？就是把所有可以授权的事情全部授权出去。

身为一个企业主，对你来说最有生产力、最有价值、最重要、最有累积性的事情，是研究企业的未来方向、思考企业战略计划、做好正确的决策，而这些正是只有你能做而别人不能做的。当你把这些事做得非常好的时候，就会产生非常大的绩效。

所以你要学会有效的授权，把所有你不喜欢的事、不擅长的事、不愿做的事、不想做的事、没价值的事，全部都授权出去，让别人帮你做每一件事情。

世界级的销售员，也都有他的助理团队。我也有我的助理团队，如果你要打电话给我，我可能接不到，如果你给我发E-mail我可能也看不到，因为我只做我最精通、最有绩效、最热爱、最擅长而且没有人可以取代的事情，其他的事我一律有效授权。

并且要把重要的事情授权给对的人，这样才能更省时、省力地达成更多的企业目标。

接下来送给大家一个价值亿万的问题：如何以更少的时间、金钱、人力，去为更多的人去提供产品或服务？

我从七八年前开始，每天都在不断地问自己这个问题，然后列出所有答案。后来我终于用远程教育的方法，把我所有的课程都放在我的财富网(www.21cnf.com)上，你可以随时随地在网上学习我一系列的课程，而我不需要再为此花费时间。

这就是我所说的，以更少时间为更多的人提供产品或服务的方法之一。

其实你可以想出更多更好的工作方法，去让你做的更少，却让你赚到更多，这些方法都属于以更少换更多的杠杆原理。比如公众演说、行销等等。只要其中一个方法对你的人生产生改变，你的命运可能就因此改变了。

第六节 趋势——把握趋势赚大钱

假设水流的方向是从南到北，但是有一个人修的水管却是由东向西的，那么，他这个水管里的水也多不到哪里去，因为他没有弄清楚水流的方向。

今天，全世界的钱在什么市场里集中、在什么产业中聚集，你要看清楚，才有可能抓准趋势，站对位置，才会赚到更多的钱。

比尔·盖茨在大学二年级时从哈佛大学休学创办了微软公司，成为世界首富。

这当然是因为他的能力、资质也不错，也是他努力的结果，但从根本上说，最重要的是他的眼力不错，他抓住了大趋势。

1997年，我得到一个信息，美国《财富》杂志访问比尔·盖茨："由于你看趋势的眼光准，所以成了世界首富，我们想知道下一世纪的大趋势是什么？你能分析一下吗？"

当时是20世纪末，比尔·盖茨的回答是："21世纪的大趋势是成人教育。"

我相信了比尔·盖茨的话，投入了成人教育这个行业。

我看准了全世界成人教育最大的市场是中国的市场，因为说中文的人数比说英文的人数多很多。

我知道，全世界说中文最多的地方在中国，所以从1997年便开始在中国进行巡回演讲。

之所以我在成人教育这个行业中很轻松、很自然地就获得了一定的成就以及财富，那是因为我在1997年就看准了这个趋势，因为大势所趋，我的事业自然就水涨船高。

在研究世界富豪发家致富的过程中我发现，他们都非常重视选择行业、判断趋势，因为不是每个行业所赚到的钱都一样多。

姚明不是世界第一的运动员，可是他的收入却比许多奥运冠军的收入还高。

为什么？

因为他的行业是篮球，篮球的市场比较大。这一点就足以证明：不是每个行业赚的钱都一样多。

世界级富豪们选择行业、判断趋势的眼光到底从哪里来呢？

经过研究，我发现有两句话非常重要，这两句话足以使你发家致富。

第一句话：什么产品在未来被越来越多的人使用？

第二句话：什么产品在未来被人们使用的次数会越来越多？

假如有这样的产品，它在未来一定是一个能帮助你赚大钱的产品。

我不会去投资一个目前使用人数已经很多，以后使用人数也不会一直增加的产业；我也不会去投资一个目前被人们使用的频率已经很高，以后也不会增加被使用频率的产品，因为它现在已经到达了市场饱和期。

为什么通信行业在这几年来如此赚钱？是因为近几年来使用手机的人越来越多，而且人们使用的次数也越来越多，所以各大厂家都想生产手机。

未来在互联网购物的人会不会越来越多？

人们在互联网上购物的次数会不会越来越多？

如果会的话，互联网是一个一定要去研究的赚钱机器。

未来吃保健品的人数会不会越来越多？

如果会的话，保健品产业的商机也是一个世界大趋势。

根据世界级经济学家、《财富第五波》的作者保罗·皮尔泽的预测，保健品产业将有兆亿美元的商机。

第七节 时机——抓住时机做老大

如果你看准了趋势性的行业，未来有一个产品使用的人数会越来越多，使用的次数会越来越多，但是可能是10年以后，可能是20年以后，也可能是30年以后。你不知道什么时间踏进这个领域，才会让你快速生产出钞票来。你还要抓住那个趋势增长的时机点。

比如去太空旅游可能是不错的行业，未来想上太空的人会越来越多，去太空旅游的次数会越来越多。但如果现在你就开一家太空旅游公司，可能为时过早了，因为是未来会产生巨大的需求，而不是现在。

亚洲首富孙正义一心梦想超过世界首富，他研究了世界上所有的行业，发现要成为世界首富，必须做增长最快速的软件行业。于是他成立了开发软件的公司，果然成了亿万富翁。但他再怎么努力，也没有超过微软公司的比尔·盖茨。他很奇怪，为什么他赚钱赚不过比尔·盖茨呢？

孙正义邀请比尔·盖茨到日本演讲，并且访问比尔·盖茨，想知道他成为世界首富的秘诀。比尔·盖茨笑了，因为他觉得孙正义要想超越他，实在是太难了。因为虽然大家都在做软件，软件的钱几乎已经被比尔·盖茨给赚走了，因为他是世界第一品牌，在全球资源最丰富，掌握最多市场占有率，是同行中的龙头老大。软件行业里最早做的是微软公司，你进入软件行业，你只能大鱼吃小鱼，被当成小鱼吃掉，你想要赚大钱超越别人，你要做下一个大趋势。

比尔·盖茨讲的，其实就是时机的问题。最早做，跟中间做，跟最晚做，结果是完全不同的。

即使你的产品比别人好，你很努力地做，但是时机不同，赚到的钱就不一样。

当时，比尔·盖茨告诉孙正义，下一个会产生世界首富的行业，应该是互联网。孙正义听进去了。他虽然看不懂趋势，但他相信世界首富的话，他决定大举进攻互联网行业。他买下100多家公司的网站，其中有一家叫做雅虎，孙正义花10亿美元买下股份，然后把雅虎弄上市，上市之后市值最高的时候曾经突破过500亿美元。孙正义曾经超越世界首富一天，但是因为股价下跌，孙正义只能成为亚洲首富。不过至今他仍是世界著名的风险投资家，他能判断趋势，而且还能判断时机。

世界上每一个行业都有起步期、成长期、成熟期和衰退期（如下图所示）。

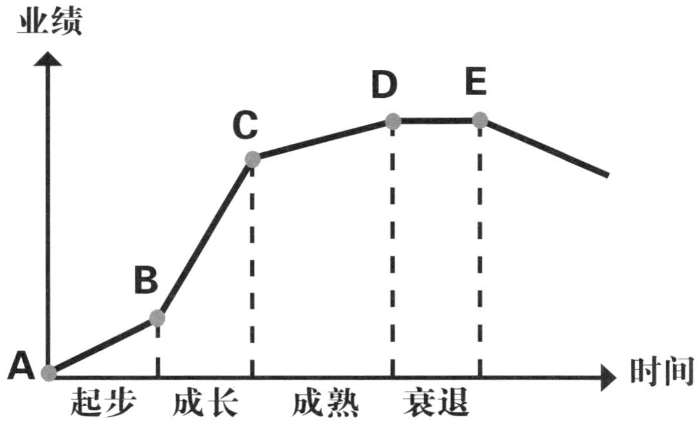

在A、B、C、D哪一点切入市场才是赚钱最快的时候呢？

刚开始时市场成长缓慢，接下来越来越多的人进入，市场慢慢平稳成长，直至最终走向衰退。

刚开始做市场很累，处于市场教育、开发阶段，当大家都知道这个行业会赚钱都去做以后，市场就慢慢进入竞争、饱和阶段。

B阶段是最赚钱的时机，谁做都立刻赚钱。股票在上涨的时候，在B点进入马上赚钱；房地产在成长的时候，在B点投资马上赚钱。

B阶段过了以后，C阶段、D阶段发展都会比较缓慢，B点能最快赚钱，而A点呢，会最终赚最多的钱。

全世界第一个做可乐的是“可口可乐”，第一个做软件的叫“微软”，全世界第一个做快餐连锁店的叫“麦当劳”，全世界第一个做炸鸡连锁店的叫“肯德基”，它们都是市场上最赚钱而且赚最多钱的第一品牌，它们的龙头老大位置都是从A点就开始的。

我在1996年底进入中国成人教育领域时，当时是成人教育的A点。我去工商局注册营业执照时，还没有办法注册到培训公司，工商局甚至连顾问公司、咨询公司是什么意思都不太了解，他们当时告诉我要去申请点子公司。这也就是为什么我在成人教育领域当中有一定地位的原因。

不是我很能干，而是我进入的时间比较早而已。

看准趋势，还要选对时机，你的赚钱机器才能正常地运转。

第八节　马上行动——该出手时必出手

什么是行动之父？

如果看准了时机，下一步你应该做什么？当然是马上行动！

抓住时机，马上行动。这个道理谁都知道，但是大多数人却没有这个行动力。

为什么？因为他心中没有下决心，先下决心才会采取行动，决心便是行动之父。

一般人做决定的能力太差了，就像不锻炼肌肉，他的肌肉会退化一样，不常做决定，所以很难下决心。

所以，没有决断力的人是没有办法真正创造财富的。

决策力法则告诉我们，富人做决定快，改变决心却很慢，但是一般人做决定很慢，改变决定却很快。

富人拥用强而有力的决策力，当他走进办公室，他面临无数大大小小的决策，他知道每一个决策都必然会有风险，因此必然会有做错决定的可能，但是不做决定的后果，永远会造成更大的坏处，拖延一项决定的后果，永远会比做错决定的坏处还要大。

一般人优柔寡断，瞻前顾后，怕东怕西，总是下不了决定。这就是一般人不能真正致富的最大关键因素。

美国的拿破仑·希尔先生，在他还是一个大学生的时候，作为校刊的编辑，他奉命去采访当时的世界首富——钢铁大王卡耐基。

采访完以后，卡耐基非常欣赏他，对他说：我想请你帮我做一件事情，世界上有天文学、物理学、化学、数学……就是没有创富教育学。你愿不愿意研究全世界所有的富人如何创造财富的秘密，然后将这一套学问整理成一套学校教育，分享给那些想要创造财富、追求财务自由的人？我可以给你开介绍信，你去访问他们，但是这件事必须坚持20年，如果验证这一套教育是有效的，你就可以分享给全世界每一个想要创造财富的人了。

当时的拿破仑·希尔听完这番话后，感觉那么大的一个任务要交给他，实在是太光荣了。但是当他正在高兴的时候，卡耐基又补充了一句话，他说，你必须花20年的时间做这件事情，并且自己养活你自己，我不发给你任何一分钱的薪水，你干不干？

年轻的拿破仑·希尔当时真不敢相信他面前的这个人竟然是世界首富，因为他竟然要自己为他免费工作20年。但是这个人真的是世界首富啊，于是他考虑了29秒左右，回答说：我答应你的要求。

卡耐基从怀里拿出秒表，对拿破仑·希尔说，恭喜你，你被录取了。

卡耐基曾经问过很多人同样的问题，有人回答要考虑一天，有人回答要考虑两天，有人回答要考虑一个礼拜，有人回答要考虑两个月。只要有人考虑超过一分钟，就算他答应了，卡耐基最终也不会录取他。为什么？卡耐基说，第一，因为这个人不肯付出，犹豫不决；第二，这个人的判断力有问题。所以就算他答应了我，我也不会用他，因为这样的人做事不会成功。原来卡耐基选人的标准，是看这个人的决断力强不强。

年轻的拿破仑·希尔在接受这个任务之后，果然在20年当中访问了世界上各行各业最富有最杰出的500名以上的亿万富翁，他写出了一本书叫《思考致富》，是世界上第一本关于创富教育的书籍。到现在为止，他的拿破仑·希尔基金会，依然在向全世界提供拿破仑·希尔当年的智慧结晶。

如何增强你的行动力？

世上所有富人都是下决定快，改变却很慢。

你想要有马上行动的行动力，你就必须增强你的行动力。

为什么有人爱拖延，有人却能马上行动？因为行动力只有两个来源，当这两个来源在你身上放对了位置，你立刻就充满动力，当这两个来源不在你身上，或者是放错位置的时候，你就会立刻拖延。

第一个来源叫追求快乐，第二个来源叫逃离痛苦。任何人只要能联想到去行动能带来一种快乐，他就愿意去行动，任何人要想到不去行动会带来的痛苦，为了要逃离这个痛苦，他也不得不去行动。

有人每天早晨6点就起床，因为他联想到了早起的快乐，联想到了准时赴约的快乐，联想到了早上去运动带来的快乐，联想到了早起增加工作效率、增加工作时间的快乐，不论联想到任何的好处，我们都统称为快乐。于是他早起了，因为他要追求快乐。但是有些人联想到，如果迟到的话会不太好，如果睡懒觉的话可能浪费很多时间，他想逃离那些失败的痛苦，于是他就早起了。不管是追求快乐，还是逃离痛苦，都会让你行动。

但是有些人为什么爱睡懒觉呢？同样的道理，因为他想到了追求快乐，他觉得躺在棉被里很快乐，他觉得继续做梦很快乐，他想到要起床很痛苦。

同样是追求快乐，逃离痛苦，为什么让某些人行动，却让某些人拖延呢？因为摆放的位置不一样，行动是因为你想到行动等于快乐，不行动是因为你想到不行动等于痛苦。然而拖延的人，是因为想到行动等于痛苦，不行动反而会有快乐。位置颠倒过来，调换一下结果就不一样了。

比如有些孩子好好读书，是为了将来能考上大学，能找到好工作，能有成就。这是追求快乐型的。但是有些孩子好好读书，是为了怕将来考不上大学，到时找不到工作，会没法生存。这是逃离痛苦型的。

因此，要明确一个人心目中的快乐跟痛苦是什么，追求快乐和逃离痛苦都可以激励一个人马上行动。有些人走路上班，因为走路上班可以健身、减肥，他在追求快乐。有此人说，我害怕塞车，一塞车就容易迟到，所以我宁可走路上班，他在逃离痛苦，所以他走路上班。

要增强行动力，就要拥有自律的人生，因此有三件事情你需要学会：第一做所有应该做的事，第二在应该做完的时间内全部做完，第三根本不要管自己喜不喜欢。当你拥有这样的思考模式，你头脑里面再也没有我喜欢做还是不喜欢做这个概念，只有应该做和不应该做这个概念了，只要应该做，就立刻去做，只要应该在什么时间做完，就立刻做完，不管自己喜不喜欢。

人为什么不容易做决定?

因为他担心做错决定，怕做完决定后失败。怕做错决定，得到不好的结果。

一个人想学开车，但又担心会出车祸；一个人想要考大学，却又怕考不上；一个人想结婚，却又怕以离婚收场……东怕西怕，当然做不出应有的决定！

很多人想做生意，却担心赔钱，这就是他们终其一生平平淡淡的原因。

如何克服做错决定的恐惧?

我在十几岁的时候，见到了学校中最美丽的女同学，人称“校花”。

当我想要跟她打招呼的时候，我心中直接联想到的就是“她会拒绝我”，这就是害怕失败的心理。

但经过心理调整，我说服自己了。

我告诉自己：“去打招呼很恐怖，可能会被拒绝，可是不去会更痛苦，因为同学会嘲笑我，我不想被别人嘲笑是胆小鬼。所以，与其丢脸，我宁可选择被拒绝，因为被拒绝至少我还有勇气过去，不会被朋友嘲笑。”

所以，当出现这种情形的时候，你要拿一个更大的恐惧来战胜你眼前的恐惧。想一想你继续这样下去，一辈子没时间、没钱，无法致富，就这样浪费二三十年下去，会付出多少惨痛的代价、浪费多少时间，最终的结果是你想要的吗？

只想眼前，害怕失败，你就不敢行动，想想不敢行动所导致的长期的失败与痛苦，就会激励你马上行动！

我甚至进一步说服我自己去同“校花”讲话，大不了被拒绝，而且，万一她没有拒绝我，我不就交到了一个朋友吗？

反正她本来也不是我的朋友，失败就失败，就跟没去一样，可说不定万一她也跟我打招呼，我就轻松地得到了一个朋友！

就是这样的想法让我产生了行动力，敢于同陌生女孩子打招呼。

想想看，如果你拿出10万元来创业，最差的状况是什么？

大不了把10万元赔光，本来这10万元也是你老板发给你的薪水。

刚走向社会的时候每个人都是一无所有的，失败之后大不了跟原来一样，从头再来就是了。

不敢下决定，10年之后这10万元也不会变成100万元，最多在银行里增加了一点点利息，可是拿去做生意，就有可能赚回10万元、20万元、200万元，回报无限大！

如果你理智地想一想，做决定还是比不做决定好很多；如果你理智地想一想，做错决定比不做决定更好。

但是，一般人却没有办法理性地面对自己，总是用恐惧的情绪来阻碍自己做出决定。

做错决定也比不做决定有帮助吗？

做错决定，也比不做决定的帮助大。因为你至少学到了东西，下次你就会做出更正确的决定，不会再犯同样的错误；而不做决定的人，则什么都没有学到。

成功人士需要正确的决策力来做出正确的选择，然而正确的决断力来自充足的经验。

一个人越有经验，就越能做出正确的选择。

充足的经验来自哪里呢？来自错误的决定，做错过很多决定的人，经验丰富，容易做出正确的决定来获得成功。

所以，每一次错误的决定都帮助你离正确的决定更近了一步，离你想要的成功更近了一步。

如果你有任何的创业冲动或者是创造任何一份长期工作的灵感，就要立即做出决定，并采取行动。一份职业只能带给你一份工资，并不能带给你真正的财富；一份事业却能让你有长期的收益，甚至在你人不在的时候，事业依然能运转，这就是职业与事业的差别。

如果你现在拥有的是一份职业，停止工作就停止收入，那么你就立刻下定决心，去创造一份事业吧！

第五章　如何实现财务自由

第一节　三种不同的花钱模式

有关你与钱的关系，钱怎么为你工作，它是如何运作的，这些你都要深入地了解。本章第一节里面所有的数字跟案例，不一定适合于每一个人，也不一定适合于每一个时期。因为银行年利率会变，物价会上涨或者下跌，因此你的基本生活费会变，你的理想生活费也会变。但是我给你的这个观念可以让你受用一生，让你知道每一分钱将来都可以生出更多钱来。

每个人的欲望不同，赚钱能力不同，存钱能力也不同，你要能存下你收入的50%，你就会更快，你要是只能存5%，就会很慢。

不断地增加收入，降低开销。这未必是每一个人都能做到的，在财务自由的六大步骤中，如果你能配上三幅图来学习，你的理财观念就会彻底地开窍了。

穷人的花钱模式

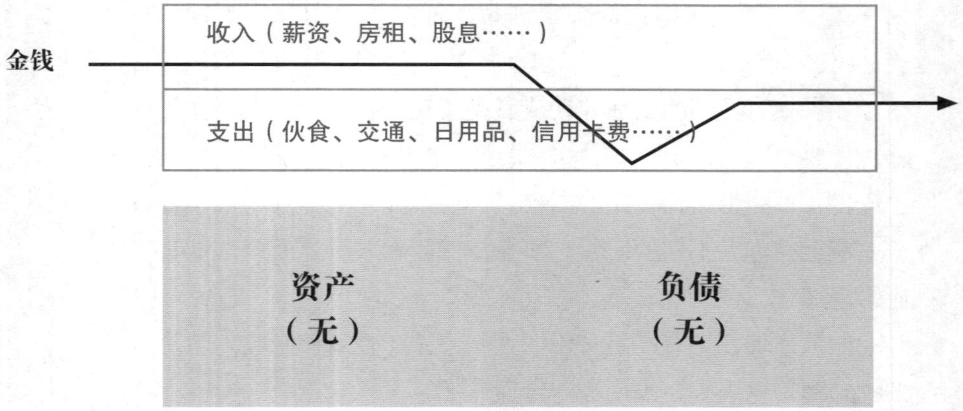

有两份报表，一份叫收支表，一份叫资产负债表。

什么叫收入？你赚进来的钱就叫收入。什么叫支出？你花出去的钱就叫支出。有收入就一定有支出。比如你赚了1万元，1万元就要有地方流出去，衣食住行娱乐都是支出，存在银行也叫支出。任何的情况下，只要有收入进来，都算在收入这一栏，只要花出去的每一分钱，都记在支出这一栏。如果你的收入和支出是相平衡的，这叫收支表。

什么叫资产？什么叫负债？有人说汽车是他的资产，我说汽车不一定是你的资产，汽车很可能是你的负债。因为你有车之后，你要花钱养它，车把你的钱从你口袋里流出去了，这说明车是你的负债，你应该把汽车填在负债这一栏上。如果你把车买来租给别人开，别人付给你租金，这说明车帮你带回现金收入，因此你要把汽车填在资产这一栏。房子也是同样的道理，自己住就是负债，租给别人就是资产。

所以一件东西是资产还是负债，取决于它把你的钱带走，还是把外面的钱带进你的荷包。

一般穷人的收入进来之后就会被他全部花光，他没有去买负债，也没有去买资产，他的资产负债表是空白的，他每一分钱进来都可以全部流出去，这叫做穷人的花钱模式。

中产阶级的花钱模式

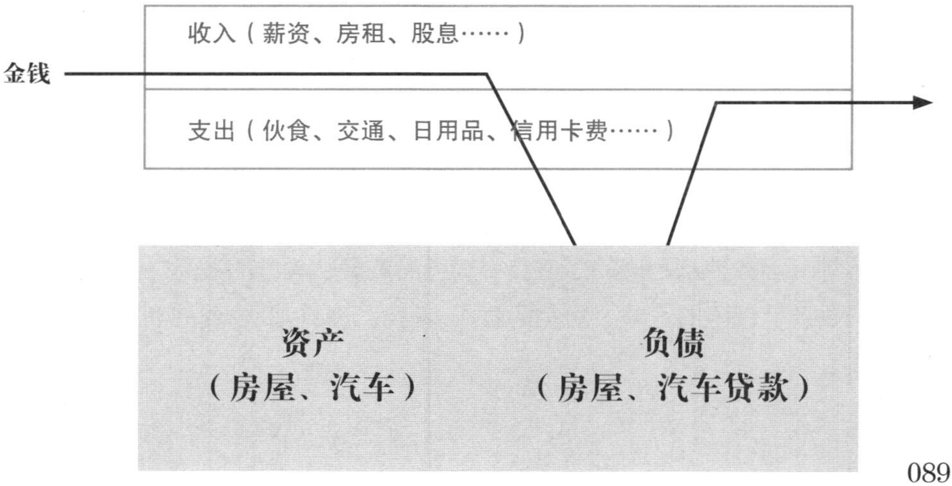

有的人喜欢努力工作赚很多钱，然后花钱去买负债。他买车，他要付牌照费、汽油费、养路费、维修费等等，因此车是他的负债；他买房，他要付维修费、保养费、装修费等等，因此房子也是他的负债。他每花钱去买一样负债，就会造成更多的支出，所以他不得不更努力工作，当一台不停运转的赚钱机器，这样才能增加收入，然后去养活他的负债。

这种人虽然赚很多钱，但其实他没有资产，因此负债不断把他的钱流出去。他们跟穷人一样都是赚钱机器，他们要努力工作才能支付他们生活的开销。

这就是中产阶级的花钱模式。

富人的花钱模式

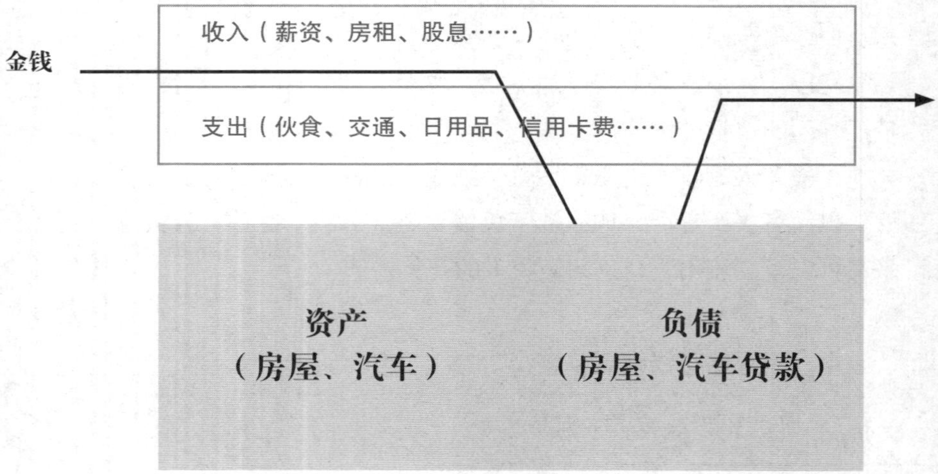

富人喜欢买资产。他喜欢把钱支出去买资产，这些资产可以是银行的定存、股票、基金，也可以是保险、房地产，还可以是别人的企业股份。他买房出租给别人，他买车出租给别人，等等等等。因此他从不同的渠道获得银行的利息、股票的利息、基金的收益、保险的收益、房租的收益，还有公司以及企业的利润所得。

他赚钱越多，他买的资产就越多，因此他收入就更高，然后他又买更多资产，收入不断增高。如此不断重复。于是他的收入越来越高，他的资产也越来越多。这样良性循环的结果，使他最终成为富人。

当然富人也有负债，他也会买奢侈品，但他通常是资产大于负债，而中产阶级是负债大于资产。

花钱的模式不一样，理财的方法不一样，产生的结果也不一样。这就是富人之所以区别于穷人并可以获得财务自由的原因。

第二节　实现财务自由的六大步骤

大多数的人，会从雇员先变成自由职业者，等他变成一个小老板之后，他会努力工作，努力赚钱。然后他转型成为大企业助理，他希望建立真正的企业。当他擅长建立大企业之后，他不但有资金，而且也有经验，懂得该怎么投资别人的企业了，于是他会变成投资者。

一个人的转型，通常都是这样一步一步地转换过来的，但是也不排除有人可以从雇员直接变成投资者，或者从小老板直接变成投资者。

从雇员或自由职业者变成投资者，获得财务自由，需要一系列的方法和步骤。

如何获得财务自由呢？

首先你需要先列出你每月的基本生活费。衣食住行娱乐，你必须先算出要花费多少钱，然后填写在你的笔记本上。比如你每月最基本的最低生活费要花6000元，然后你再计算你每月的理想生活费是多少，比如是6万元。当然每一个人的欲望不同，有的人可以写60万元，有的人可以写600万元，但是记住都是要经过认真推算出来的数字，而不是随便说的一个数字。因为对财务问题小心谨慎并且精确，就是一个人对待金钱最正确的态度。

现在你手上有两个假设的数字了，每月的基本生活费是6000元，每月的理想生活费是6万元。

那么现在我们开始来学习世界第一理财大师——约翰顿·普来敦爵士的理财计划，他20岁的时候开始理财，理到80岁，理出了80多亿美元。他到底是用哪些步骤来理财的呢？他只有六大步骤。

第一步骤：财务保障。

什么叫财务保障？财务保障就是你有3到6个月的基本生活费的存款存在银行。假设你每月基本生活费是6000元，那么3个月的基本生活费就是1.8万元，6个月的就是3.6万元。也就是说，你要有1.8万元或者3.6万元的存款存在银行。

这个存款存在银行之后，最好是定存，永远不要动用它。为什么？因为有3到6个月的基本生活费存在银行之后，你的心里会产生一种小小的安全感。你至少知道，即使就算自己失去工作了，或者有一天发生巨大的变化了，你也可以安稳地度过3到6个月，而不必为钱过度地紧张烦恼，你可以消除一定程度的恐惧感。

虽然3到6个月的基本生活费的存款不算多，但这是最基本的第一步，当你有了这笔存款之后，你才有一种有保障的感觉，因为你有3到6个月的缓冲期，可以慢慢地思考你下一步应该怎么做。

我曾经在课堂上问很多人，你们说目前在银行里面存有3到6个月的生活费吗？没有做到的举手。结果让我吓了一跳，真不可思议，有许多人的银行存款里都没有3到6个月的生活费。正在看这本书的读者你有没有这种情况呢？如果有，表示你理财出了很大的问题。你工作了10年，怎么连3到6个月生活费都没有存下来？你工作了5年？还是3年？不管你工作了多久，你没有存款的习惯，你永远别谈理财。

理财第一步就是存钱，存钱存够3到6个月生活费，你就完成了第一步骤财务保障。

第二步骤：财务安全。

什么叫财务安全？假设你一个月的基本生活费是6000元的话，财务保障是你有3到6个月基本生活费的银行存款，而财务安全是有6到18个月的基本生活费存在银行，即3.6万元到10.8万元的存款存在银行。

这笔存款存在银行里不要用，它将带给你很大的安全感，这种安全感比第一步骤的财务保障还要持续更长的时间。因为在任何危难情况之下，你至少可以平稳度过6到18个月的时间，至少你知道在你失业或失去工作能力以后，你有6到18个月的时间可以思考下一步你该怎么做。你可以有足够的时间去选择你想做的事、你喜欢做的事、适合你的事，你可以有足够的时间当成是缓冲期，让自己不会乱了方寸、乱了阵脚。

很多人连6到18个月基本生活费的银行存款都没有，还谈什么理财？连基本安全保障都没有，谈什么理财？

只要你愿意存钱，理财大师说至少存下你每个月收入的10%，没多久你会进入第一步骤——财务保障。然后继续存，没多久你会进入第二步骤——财务安全。

而理财大师他每个月存下他收入的50%，他说他很快就达成第一步骤和第二步骤了，我听完之后如法炮制。

当年我完全不会理财，在20岁以前我一个月赚两万块，我可以把它全部花光。我一个月赚10万块，我也可以把它全部花光。当我学会理财以后，我依然在努力工作赚钱，可是我不再像原来一样随意地花钱，而是把50%存进银行账户，当成是我的财务保障钱，当成是我的财务安全钱。当我的收入已经达到不错的时候，我还是住在很一般的房子里，过着很简朴的生活。不是我不会赚钱，而是我知道每一分钱应该先存在银行里，等自己获得了一定阶段的理财程度的时候，我才把赚来的钱做其他的投资，或者是消费。

我住在一个月800元的房子里面的时候，我一个月的收入已经达到三四万块钱了。因为赚四万我要存两万，赚三万我要存一万五。但是我有很多员工甚至学生，他可以住2000元一个月的房子或3000元一个月的房子，因为他一个月大概赚六七千或者一万元左右，他可以花掉大部分的钱，甚至借钱来消费。真是不可思议，大多数人对金钱的态度是这样的随便。

所以从第一步骤到第二步骤，方法其实只有一个字：存。我相信你只要会存钱，你都能达到第二步骤财务安全。

第三步骤：财务独立。

什么叫财务独立呢？假设银行的年利率是0.03，假如每个月要花6000元的基本生活费，那么一年下来就是7.2万元，请问银行要有多少的本金，在年利率0.03的情况下才能生出7.2万元的利息钱？答案是240万元。也就是说如果你有240万元的存款存在银行不要动，银行将每年付给利息费7.2万元。这个7.2万元足以让你维持一年的基本生活，即使你不工作，银行依然每年付给你7.2万元，今年花完7.2万元，明年还有7.2万元，因为你的钱在帮你生钱。

存240万元在银行，应该不是非常非常困难的事。如果某个人的每月基本生活费是1.2万元的话，当然这个数字就有变化了，如果某个人他的每月基本生活费是10万元的话，那当然这个数字又有变化了。多快才能达到本金生出的利息钱可以养活你每年的基本生活费，这决定于你每月的基本生活费的高低问题，你欲望的大小问题，还有你赚钱能力的大小问题，当然还有你存钱速度的快慢问题。明白了吗？假设你是1000元的基本生活费，那你达到财务独立的速度就更快了。

我所说的财务独立，就是你存在银行里的本金生出的利息钱足够维持你的每月基本生活。一旦达到这个程度，你这一辈子就算没有工作，你也能活得非常安全和有保障。

在存240万元的过程中，有人努力存啊存，终于存到100万元了。他感觉太棒了，于是他拿钱出来买车，结果他又只有50万元了。于是继续存啊存啊，终于存到200万元了，再忍耐一下就快到240万元了。他一高兴，忍不住要庆祝一下，于是拿钱出来买房子。这好比他的金鸡快要养大了，能下金鸡蛋了，他就突然庆祝一下，把金鸡给宰了，拿出里面的金鸡蛋来吃了。吃完之后，金鸡没了，当然不会再下蛋了。于是他又回零点了，坚持存钱。

储蓄能帮你尽快达到财务独立。如果你财务独立了，哪怕你失去工作了，银行也会付你钱，银行成了你的赚钱机器。钱生钱的道理，在这里一目了然。这就是为什么要存钱的原因。

也许有人说存在银行太慢了，放在其他地方生利息，利率都不止0.03了。但是请注意，银行最安全。等我们财务独立以后，可以考虑其他的工具，比如股市、基金、房地产，它们的回报率在长期来说比银行更高，但那是存在风险的，有可能会让你的资产萎缩，利率变小，无法获得你理想的生活。所以我们在财务独立之前先不考虑其他的工具，只需考虑安全的银行，这是没有风险的做法，虽然很慢，但在不同的阶段通常有不同的选择，这个阶段选择银行是比较正确的。240万元存在银行不要去动用，它能生出每年7.2万元的利息钱，来维持你的基本生活。

当财务独立之后，你在240万元以外再赚到的钱，就可以放在其他地方投资了。因为利润高的风险也相对高，但就算240万元以外的额外投资赔光了，你也不要怕，因为240万元一动也不动还在银行里帮你生出7.2万元。

第四步骤：财务活力

财务活力就是你存在银行里面的本金，每年所生出来的利息比你原来的基本生活费还要高出20%。

举例来讲，240万元每年能生出0.03的利息是7.2万元，比7.2万元多20%是8.64万元。也就是说要有多少本金存在银行，在年利率是0.03的情况下能生出8.64万元？答案是288万元。288万元存在银行每年生出来的利息是8.64万元——比原来的7.2万元还要高出20%。

也就是说，你可以在不用工作还能维持基本生活的情况下，还有多余的钱可以适当地花费与享受，让你过着比基本生活更好的生活，这就叫财务活力。

第五步骤：财务自由

财务自由是所有人梦寐以求的生活，怎么达到财务自由呢？

我们假设你每月的理想生活要花6万元，财务自由就是你不工作都能获得这6万元的收入。如何获得呢？在前面第一到第三步骤，都是比较安全的存钱。然后是第四步骤，到达财务活力以后，可以用中风险、中利润的方法选择投资，当然可以选择高风险、高利润的方法投资，投资的管道很多，你自己可以去分析，去做决定。

即使风险再高，你也能够承受，因为这些投资是你所存在银行的288万元以外的，就算遇到巨大风险然后通通归零了，最差情况你还能维持在财务活力，也就是说288万元还在银行每年给你生8.64万元生活费。

所以看你选择什么工具，选择回报利率高的，当然就越快获得财务自由。

每月6万元的生活费，一年就是72万元。那么在年利率0.03的情况下，银行本金需要有多少，每年生出的利息钱才能是72万元呢？答案是2400万元。

只要你银行里面有2400万元的存款，这样银行每年就付给你72万元。即使你什么都不做，每年银行也会付给你72万元，让你可以过着梦想中的生活，住着你梦想中的房子，开着你梦想中的车子，每个月好好孝顺父母。72万元花完以后，明年银行还会付给你72万元。

你什么都不要做，因此你获得了时间上的自由；你有银行付给你足够的钱，因此你获得了财务上的自由；你不用再看别人脸色而工作，你不用再为了钱去做你不喜欢做的事情，因此你得到了心灵上的自由。

我在27岁的时候就做到了这一件事情，原因是因为我会两件事：第一件事叫增加收入，在会赚钱、收入高的情况下，我可以更快地达到财务自由；第二件事叫降低成本，这需要控制住欲望，多年来我愿意过着比较普通的生活，用钱去生钱，去打造赚钱机器来为自己赚钱。

第六步骤：财务完全自由

财务完全自由，就是你银行里的存款，在年利率0.03的情况下，生出的利息钱比72万元还要高20%。这样的银行本金需要多少呢？答案是2888万元。

有了2888万元，你立刻就可以过着比财务自由的理想生活更高水平的生活了，这就叫财务完全自由。

李嘉诚达到了财务完全自由，比尔·盖茨达到了财务完全自由，他们即使连理想生活费都全部花光，依然还会剩下钱。

当我20岁以前不会理财的时候，我的生活一塌糊涂。当我学会这套理财模式以后，我生活就有了安全感和保障感，我开始学会储蓄，学会投资，我开始了比较富有的生活。都是因为我学了财务理财课程，理财是打造赚钱机器当中一个非常重要的环节。

Money Machine
Money Machine

企业篇

第六章　完善的企业是最好的赚钱机器

金钱是从管道流入的

有一个村庄没有水，村民经常要赶一里路到隔壁的村庄去挑水喝。

村长觉得村民很辛苦，于是决定征集两个人做水的生意，把水从隔壁村庄运过来卖给全村的人。

得到合约的有两个人，一个人叫做彼得，一个人叫做爱伦。

彼得签下合约后，买了两个水桶，每天辛苦地挑水回来卖给村民，起早贪黑。就这样日复一日地挑水、卖水，也心满意足地计算着他的收入，他觉得赚了很多钱。

有一天，他突然发现爱伦不见了。

爱伦上哪儿去了呢？他很好奇。

原来爱伦在签订合同后，也做了几件事情：首先，写了一份商业计划书；紧接着，找了几个投资者，募集了一些资金；然后，请了一个总经理；最后，拨钱给总经理，请了一个施工队准备在地底下修一个庞大的输水管，好让隔壁村庄的水从水管流过来。当时，很多人都笑话爱伦还没有赚到钱就开始投资了。

等水管挖好了，爱伦在自来水公司的开幕大会上宣布：第一，我们的水将比竞争对手的水更清洁、无污染；第二，我们的水一天24小时供应，只要你在家里安装一个水龙头随时随地都可以有水，而我的竞争对手一天只卖8小时的水；第三，我的水比竞争对手的便宜一半。

就这样，80%的村民都向爱伦买水，自来水公司的收入很快就超过了竞争对手一年的收入。

彼得非常不理解大家为什么要交钱给爱伦，于是他宣布："我以后买两个盖子把水桶盖上，我的水也不污染了；

从今以后我也少休假、不休息，让我的水也能够每天卖给大家。虽然我的体力有限，但是我有两个儿子，我们三个可以轮班卖水，而且我的价格也降到和竞争对手一样。”

由此，彼得更辛苦了，营业收入变少了，利润也变少了，几乎没钱赚了。

爱伦呢，有水管，有人专门收水费，有人管理公司，他什么都不用做，每个月看看财务报表就知道赚到了多少钱。他越活越年轻，越活越精彩，越来越自由，收入也越来越高。

爱伦把同样的模式在全国没水的地方复制一遍，水管越来越多，每天，大量的水从爱伦的水管里流出去，大量的钱从爱伦的水管里流回来。

彼得呢，年老体衰，收入微薄，辛苦地工作着。两个儿子要上大学了，他对儿子说：“将来大学毕业后要回来帮我卖水，回来继承我的事业哦。”他含着眼泪送两个儿子去城里读大学后，不得不在收入微薄的情况下雇了两个人帮他挑水。被雇来的工人要求不能同时挑两桶水，还要求周末要休假，彼得只好自己更辛苦地挑水才能维持生计，否则他就要给工人加薪或者再雇人。

两个儿子读完大学后再也没有回来，彼得的日子和命运相信大家都知道了。

你有没有觉得这样的故事似曾相似呢？也许它就发生在你的身边。经常有很多人觉得他的生意是自己的事业，他们不知道这其实只是一份工作而已，于是他们一直用陈旧的模式过着陈旧的生活，导致无法真正改变自己的命运。

同样是做水的生意，为什么结果这样不同呢？为什么有人穷其一生挣扎在时间与金钱的陷阱里无法脱身？为什么有人却可以轻轻松松地赚大钱呢？

看完这个故事，请你认真思考下面的三个问题：

第一，我们的父母以前是在搬水还是在修水管？

第二，你是在辛苦地工作还是在聪明地工作？

第三，你到底是拥有一份工作还是拥有一份事业？

当年我看完这个故事，思考完上面三个问题之后，我下定决心要学习做一个真正的企业主，我要修建自己的管道，建立属于自己的事业。现在我成功了。

因此，我们需要的是修建一条管道，拥有一份事业。因此，我们需要建立自己的企业。

有的人管理一家公司都忙不过来，但是有的人却可以同时管理很多公司，而且很悠闲。有的人的企业总是处于很小的规模，而有的人的企业却在持续扩大。有的公司开业没多久就倒闭了，有的企业却能持续地发展下去、持续地赚钱。

差别到底在哪里？差别就在于有些人总是以小老板的方法做着他的小生意，有些人却追寻大企业的发展模式并设法效仿。所以只要你学会如何从小老板转换成大企业主的变身模式，即使你的企业不一定会发展成为巨型企业，但它一定会小而精、小而专、小而强。

接下来我将分享给你一个具体的模式和步骤，教你如何从小老板变身大企业主，将你的企业打造成一台属于你自己的赚钱机器。

每个企业都有一个最基本的三角形组织构架，这个企业三角形分为两个部分：内圈和外圈。外圈有三边：使命、团队、领导；内圈有五个层次：现金流管理、沟通管理、系统管理、法律管理、产品管理。只有当你具备了外圈的三个先决条件，你才能去考虑企业内部的五个层次。

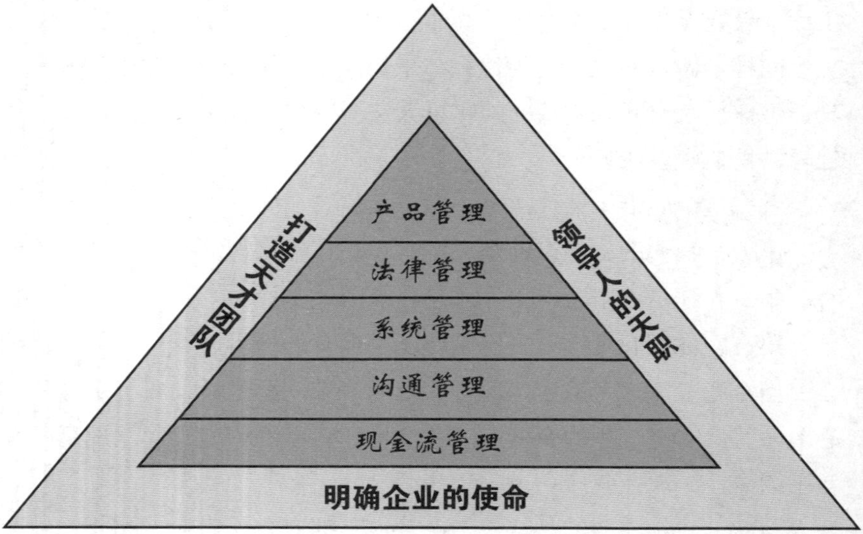

一旦你真正懂得了这个三角形，你将会懂得该怎么去投资别人的企业，并按照这个三角形所分享的原则去一步一步建立属于你自己的企业。

第一节　使命：为你的行为找到崇高的动机

建立一个强大的企业，首先需要明确的，就是企业的使命，即企业的精神、任务、最终发展的方向。一旦这个使命确立了，一切的企业目标、经营方针、战略规划、产品开发，都要围绕着这个使命来进行。

亨利·福特在当初汽车无法发展的年代，看到很多人买不起汽车，只是有钱人才能买得起，于是亨利·福特给他的企业建立了一个使命，要生产大量的汽车，让人人都能买得起。但是因为造价太高了，不能大量生产。他决定要改善这个现状。他要大量生产，才能降低成本。降低售价，才能造福人群，让人人买得起车。

于是亨利·福特为企业投入了毕生的精力，花光了所有的资源，用几十年的时间去研究如何大量生产汽车的生产系统。这件事情曾被多少人嘲笑与怀疑，被称为天方夜谭、不切实际，然而他依然坚持到最后，开发出了一套大量生产汽车的生产系统。世界上第一台工业化生产汽车就是从亨利·福特的企业里生产出来的。他被称为“汽车之父”，很多公司都争着跟他购买这一套生产系统。

山姆·沃顿在创办沃尔玛的时候，也明确了一条使命，要提供给消费者服务最优良的购物环境，而且价格永远最低。因为这条使命，他的经营策略就是四处考察竞争对手，别人卖5块的，他卖4块，别人卖4块的，他卖3块，永远比别人便宜。因此吸引了大量的消费者，于是他的进货量变大了，压低成本，继续降价，不断开连锁店，以进货规模压低成本，继续降价，于是垄断了全世界的零售行业，成了零食业之王。

亨利·福特的企业之所以能够赚大钱，是因为从一开始就有一个明确的使命。山姆·沃顿之所以能够赚大钱，也是因为他的企业有一个明确的使命。比尔·盖茨在当初创办微软公司的时候，他的使命是要让全世界每家每户每张桌子上都有一台个人电脑，他同样成功了，成为世界首富。

所以，如果你要建立一个企业，你的首要任务就是先明确你企业的使命。找到这个使命以后，你要看看这个使命是不是有崇高的动机。

什么是使命？**使命为你的行为找到更崇高的动机**。

也就是说你的企业不只赚钱而已，在赚钱的背后还应该有一个更伟大的动机在支撑着它。亨利·福特的汽车当然帮他赚大钱，比尔·盖茨的软件当然帮他赚大钱，但他们赚钱是因为他们完成了使命。**一个企业如果没有一个使命，而只是为了赢利的话，它就没有办法度过最艰难的时光，也没有办法赚钱后**

继续维持上进的动力。

那么，什么样的使命才是好的使命呢？

第一，好的使命具有坚持力

什么叫坚持力？一个企业在创业前三到五年这个时段最艰难，如果没有一个伟大的使命支撑着的话，很难度过这个艰难的时光。如果一个企业家肩上有一个伟大的使命支撑着他的话，他就会觉得他肩负着更伟大的任务，他不能轻易地放弃，因为跟他眼前的困难比起来，他的使命实在是大多了。

我巡回全中国去宣讲创富教育，一年365天，我有200多天可能在飞机上，可能在全国各大不同的城市，可能天天住酒店。为什么我们可以在这么艰难的市场中还在坚持推广我们的课程呢？因为我们创富教育的使命就是协助人们提早实现财务自由，无论我们有没有赚钱，我们都愿意义务到各地去宣讲我们创富教育的精华和核心内容。在我免费提供给大家学习的过程中，会有很多人成为我的客户，也有一些人没有成为我的客户，但是我尽到了我的义务和责任，推广了我的创富教育给他。他学会了这些东西，可以改善他的企业发展方向和结构体制，提早帮他实现财务自由。

我们赚钱是因为我们在完成我们的使命。好的使命能帮助你度过艰难时光，不会轻言放弃，这是因为它拥有坚持力。

第二，好的使命富有感召力

感召力是一种神圣的、鼓舞人心的、能预见未来、创造奇迹的神奇力量，具有这种力量的人或事物对别人具有吸引力并受到拥护。

有感召力的人往往是那些魅力型的领导者，他们往往具有远见卓识，自我牺牲意识强，有强烈的个人冒险倾向，能使用非常规的策略，有准确的情境估测能力，自信心强，善于使用个人物质权力等。

比如毛主席就是一个魅力型的领导者，他肩负伟大的使命，要成立一个新中国，建立一个新社会，让人民生活得幸福美好。因此他感召了很多向往新生活的人跟随他，最后他完成了这个伟大的使命，这是因为他的使命富有感召力。

第三，好的使命具有上进力

比尔·盖茨的企业几乎垄断了全世界的软件行业，但是他依然还在继续努力，因为他认为离他的目标和使命还很远。

在台湾，曾经有283位不超过40岁、营业额却超过100亿元的企业家，他们都从台湾地区领导人手上拿到过青年创业楷模奖，然而在《商业周刊》几十年后的持续追踪报道中，这283位企业家现在依然成功的只剩下不到1/4。

大多数的企业在创业成功之后，通常会走下坡路，因为在经历了许多困难之后终于有所成就，企业家难免会骄傲自满。第一，他认为自己有钱了，于是盲目投资，造成失败；第二，他忽略新的竞争对手，于是被别人迎头赶上；第三，他不注意新的行业趋势，于是夜郎自大的结果使得他的企业走向衰败。这三个失败的原因都是因为他忘记了自己的使命。

每个人心里都要有更远大的目标和方向，才能让自己始终保持谦虚，不断持续上进。当一个企业始终记得自己的使命的时候，这个企业就会持续地发展壮大。

第四，好的使命要满足大众的需求

当企业的使命能满足社会大众的需要的时候，企业就开始赚钱了。

因为消费者需要物美价廉的汽车，所以亨利·福特的汽车公司赚大钱。因为消费者需要简易操作的个人电脑，所以比尔·盖茨的微软公司赚大钱。因为消费者需要买到服务好、品质高、价格低的产品，所以山姆·沃顿的沃尔玛超市赚大钱。

因为我当初也教过别人如何白手起家的激励课程，但我很快发现目前社会上所需要的商业教育已经不再是教你如何赚钱了，因为其实大家都已经很会赚钱了，社会已经非常富有了。企业家需要的不是教他如何赚钱，他需要的是如何在有钱的同时，也有更多的时间，让生活品质更好。

少一份工作却多一份收入，能够拥有健康的身体，能够拥有与家人相聚的时光，能够享受到更好的生活品质。这就是现在社会上许多企业家的普遍需求。

于是我开发创富教育，帮助大家提前实现财务自由。这个使命能够满足企业家的需要，所以我们的课程发展得非常迅速，原因主要在于大家的需要都得到满足了。

因此，一个好的使命一定要满足大众的需求。

第二节　团队：赚大钱是一项团队运动

一个企业的使命不可能靠老板一个人来完成，一个使命需要感召一群人来共同完成。这就需要团队合作。

赚大钱是一项团队运动

赚大钱其实比赚小钱容易，因为赚大钱是靠大家，人多力量大，而赚小钱是靠自己，单枪匹马。赚大钱比较容易，因为这是团队运动，你要擅长与别人合作。你要擅长对内合作：你要跟你的股东合作，跟你的高级主管合作，跟你的部门职员合作……你还要擅长对外合作：跟同行合作，跟政府合作，跟媒体合作……

越擅长合作就越走捷径，越能快速壮大自己。越不擅长合作，就只能单打独斗，当小老板。小老板是一个人对付一个团队。而大企业主则是用一个团队去对付个人。因此如果你想赚大钱，成为大企业主，你就必须组建你的天才团队。

其实每一个人都是天才，只要你找到你的核心专长和优势，并且集中精神在你的专长领域，你最后通常都会成功。

天才通常一生只做一件事。张艺谋只要一辈子拍好电影，他就可以成为亿万富翁， 张学友只要唱好歌就可以成为亿万富翁，姚明只需要把篮球打好就可以成为亿万富翁。

通常一个人在某件事情上专精5年，就可以成为这个领域的专家，专精10年就可以成为这个领域的权威，专精15年就可以成为这个行业的顶尖人物，专精20年就有希望成为世界第一。目前世界上各行各业最顶尖的人物，最起码都平均在这个行业坚持了20年。

因此你要集中焦点，专注在一个领域里面。事情做得越少越好，做得越专越好，做得越精越好。

姚明背后有一群商业团队在帮他签合约、打造形象，帮他过滤商业的邀请，研究什么样的品牌才能跟姚明合作，因此姚明的成功，离不开他的天才团队；刘翔专注在他的赛跑上，他的天才团队在帮他研究他的竞争对手，在帮他科学地分析他该怎么进步，他有专业的摄像机团队在帮他拍摄他跑步的每一组分解镜头，他有计时团队在帮他记录他每跑出一步所用的时间；张学友也有他的天才团队，在帮他作词作曲、设计舞蹈、包装形象、推广市场。

每一个人只要在他的专业领域都是天才，当他们被组织在一起，分工合作，为同一个目标共同努力，这个天才团队就被打造成功了。

比如周杰伦后面有方文山在替他作词，方文山有周杰伦帮他把他的歌词唱红。这就叫天才团队。如果这个天才团队组合里的其中任何一个人被换掉，结果都会不一样。

所以组成天才团队也是需要有条件的。

组成天才团队的条件

第一，志同道合。有的人虽然能力很强，但是和你的志向不同，你的使命是造福社会，而他却是为了尽快分钱。这样的合作当然不会成功。

第二，能力互补。有的负责销售，有的负责业务，有的负责前台，有的负责后勤，有的负责对内管理，有的负责对外宣传。

第三，目标一致。每一个人都可以有他的个人目标，但是他的个人目标是为了达到团队共同的大目标。如果大家都只是为个人目标而战，团队就会分崩离析；如果大家都是为共同的目标而努力，就会促使共同目标得以达成，而个人目标也自然会达成。这就是目标一致的好处。

一个团队里的成员只有符合这三个条件了，才有可能组成一个天才团队，完成一个又一个不同的目标，才能为企业赚到大钱。

第三节　领导：不倒的舵手

大多数的企业不是从外部失败的，而是从内部开始失败的。如果你正在建设你的企业，相信你就会有相同的感受。如果你有丰富的经验，你更认可这一句话。

企业是从内部开始失败的，因为它的领导者造成团队没有凝聚力，四分五裂，意见不合，所以导致企业外部的失败。

一个成功的领导者要演好三种角色：

一个有远见的人。作为一个领导者，他应该看得比别人远，他能够在企业刚开始走出第一步的时候，就能预见到企业5年、10年甚至20年的情景。

松下幸之助在他的企业内部演讲，做出250年后的计划，员工听完以后热泪盈眶，决定终身追随松下幸之助。比尔·盖茨在一台个人电脑都没有的时候，能预见到每家每户即将有一台个人电脑。松下幸之助和比尔·盖茨都是有远见的人，因此能够成为成功的领导者。

拉拉队队长。在团队成功的时候，领导者能够庆祝团队的胜利，在团队失利的时候，领导者能够激励团队的斗志。这种为团队鼓舞士气、激励加油的角色，也是一个领导者所必备的。

老板。他在团队分心的时候，或者偏离使命的时候，能够做出强硬的号召，指导大家往正确的方向走。当需要坚持最终使命的时候，真正领导者的超群能力是采取断然的行动。

一个领导者的好坏，往往决定于他不在场时团队的表现。如果他在，团队表现好，他不在，团队就表现不好，这个领导者就不是一个成功的领导者。如果他在时团队表现好，他不在时团队表现一样好，甚至更好，这才是成功的领导者。

因此一个领导者的首要任务，就是发掘跟自己一样有领导力的人。这样才能在他不在场的时候，他的团队的表现仍然是最棒的。

一个领导者必须接受领导者训练。一个领导者所接受的训练，就是在实际的工作中不断地被别人提出批评与意见，并且他还必须接受这些批评和意见，同时他还必须知道什么时候该修正自己的方向和做法。

大多数的老板一般情况下都是他在批评别人，而别人不敢批评他，也不会有人给他提意见。所以大多数的老板没有办法真正接受这个领导者训练，因为他没有接受别人批评的雅量。

当一个领导者无法接受别人批评的时候，他也当不成这个领导者。真正的领导者应该敢于做黑脸，不怕被别人骂，也要敢于面对自己的反对者，同时知道什么时候该接受别人的意见。

只有接受了领导者训练，才有可能成为一个真正成功的领导者。

有了正确的使命、团队和领导，就可以顺利地建立起企业的三角形框架了。接下来，我们要分享的是企业三角形内圈的五个因素。

第四节　现金流管理：流进永远大于流出

大部分小公司的领导看不懂财务报表，或者不认真去看财务报表。他们不懂得财务词汇，也不知道财务报表里面的内容代表什么含义。所以对于公司内部的现金或者财务数字，他们事实上是无法掌握的。他们总是草率做决定，无所谓家庭账户还是公司账户，他们以为他们的家庭账本就是公司的账本。这样的小公司很多，大多是一些夫妻店或者家庭企业。

大企业却不是这样来管理公司的。大企业有严格的财务制度，上至董事长、股东大会，下至每一名普通职员，都是根据财务制度来领钱和用钱的。一旦财务制度规范以后，总裁就是根据财务报表来管理公司的。他定期检查财务报表，明确每一笔钱的流进与流出，及时发现企业中出现的问题，知道哪些地方该加强管理去弥补漏洞，哪些地方该集中人力资源去创造现金。这些都可以从财务报表中一目了然。

所以，大企业主根据财务报表来管理公司。而小老板则不是。

根据财务报表来运作你的公司，是大企业家和小企业主之间最主要的区别。

如果你打算建立或正在建立自己的企业，我建议你去学财务知识，我并不是要你当一名出色的财务人员，但你至少要看得懂财务报表上的每一个数字到底代表什么含义。

我们公司在创业一开始，我跟我的合伙人就决定了几个原则：对于我们的每一笔钱，**一定要流进大于流出，流进快于流出，流进多于流出**。因为一个公司的现金流就好比是一个人身体里的血液，失血过多，人就会死亡。真正良好的现金流动系统，应该从企业开办的第一天起就开始运作。

所以一个企业走向衰败的关键因素，往往是因为现金周转不灵，而不是没有利润，很多时候企业实际上赚了很多钱，但是收不回来，这也会导致企业失败。

我去某个酒店讲课，因为上午下午都要讲课，因此我决定开一个房间。但是我的财务人员阻止了我，他说我这样会花很多钱，就帮我准备了休息室，比较便宜一点，我可以在里面休息。我说我是老板，我花钱聘请你帮我工作，而你竟然管起我来了。他说杜老师，我是来帮你管理财务的，我们应该根据公司制度来花钱，我不是管理你，而是就事论事。

我的财务人员是我请来管理企业的，因此，我应该遵守他的规则，这样他会让我的每一分钱都能得到有效的利用。

可是大部分的老板不是这样做的，他们公司的财务不透明，不独立，这样的公司几乎没有人敢投资。

在上海创业的时候，我们租了一个商务楼在里面办公。没多久我们就赚了不少钱，但是根据我跟我的合伙人的花钱原则，这笔钱花出去要立刻创造出现金，否则就不会投钱出去。如果这个时候我们把钱花在扩大办公室上面，并不能创建更大的现金回流，因此我们宁愿把钱投在别的地方，保证每一份投资资金都与我们的事业息息相关。

一个好的现金流管理者，会适时地回顾他每日的现金流向，会不断地观察现金来源，会展望未来的资金走向。这样，他就可以避免由于资金大量短缺、周转不灵而带来的危机。

第五节　沟通管理：血脉畅通才健康

对外沟通交流做得越多，现金流入就越多。

企业的宣传单、网页，企业在电视、报纸上打广告，企业老板出来公众演讲，企业的服装，等等等等，这都是对外的一种沟通。这种对外的沟通做得越多、做得越好，流入的现金就会越多。

通常我在课堂上讲课，讲到一半的时候，我会刻意停下来几分钟，请大家互相交流心得与感想。结果我发现总是有这样一部分人，他们坐在原地，表情麻木，也不好意思跟旁边的人说话。

穷人通常不善沟通，因此他们不擅长跟别人讲话，要改变这种状况，就必须接受一些沟通技巧的训练。比如参加我们的绝对成交训练班，在这里你可以学到关于公众演说、谈判技巧以及各种各样协助你创建现金流的技能课程。

我常常在课堂上说“过年过节不收礼”，他们就会回答下一句，“收礼只收脑白金”。为什么？因为脑白金的广告他们看得太多了。脑白金不是全中国最好的保健品，但却是全中国最赚钱的保健品之一。因为它的宣传做得多、做得广，它的广告已经完全深入人心，于是它沟通成功了。

接下来我又继续说有买过脑白金的请举手，有部分人举手。我说吃过脑白金的请举手，这些买过脑白金的人突然把手放下，而另外一些人却把手举起来。我问放下手的那些人，你们买回来干吗不吃啊，他们回答说送礼啊；我又问那些吃过的人，你们没买过怎么会吃过啊，他们说别人送的啊。

从这里可以看出，脑白金的对外沟通做得很成功：也许我不是最好的保健品，但却是最好的礼品。这个信息一旦深入人心，它的产品销售自然就畅销了。

张艺谋也许不是全中国拍电影拍得最好的，但他却是全中国最卖座的导演之一。他拍一部电影，可以在最短的时间内回收一亿元的票房。为什么？因为他懂得如何让电影卖座，第一他会先找最当红的明星，第二他会找最适当的宣传方式在全中国推广。很多人说这是炒作，事实上商人把这称为行销。

好产品多的是，好的发明每年不断地出来，好的专利每年不断地被申请，但是会卖的才是老大，只有最会沟通的人才会赚大钱。穷困潦倒的发明家很多，倒闭的企业很多，堆在仓库里卖不掉的产品更多，这些都是因为不擅长对外交流与沟通。

超级女声李宇春不是唱得最好的，也不是长得最美的，然而全中国在内地唱歌的女明星里，没有一个赚钱比她多比她快却比她更年轻的。因为她背后有一个强大的团队在帮她与市场做沟通。

沟通就是推销，沟通就是行销。沟通就是宣传，沟通就是做广告。沟通就是所有企业应该让消费者看到、听到、感觉到的信息，如何有效地传达出去。这一切我通称为沟通管理，沟通做得越多，收入当然就越高了。所以呢，大家一定要记住这一句话，会卖的是老大，会教别人卖的是大哥大。为什么我要教大家沟通技巧的训练？为什么我要教大家做推销和行销的训练？因为我觉得我越教你的时候，越多的人和企业赚钱，产品畅销之后，我们推广我们的创富教育就越成功，我一样也在进行所谓的沟通管理。就拿现在这一秒钟，我为什么在你面前讲这一堂课程呢？同样我也正在对市场做沟通，因为你看完本书后，你非常有可能上我们的网站或拿起电话来打电话，说杜老师你在哪里演讲，我要去听你的演讲，或者杜老师我们要跟你们的公司合作。是不是呢？所以说这本书就成功地做到对市场的沟通了。

除了对外的沟通，还有对内的沟通。企业内部的早会怎么开，晚会怎么开，各部门的信息怎么传达，股东大会的意见有没有传达到管理层，管理层的经营情况有没有传达到股东大会，请来的顾问有没有适当地了解一下你公司的情况，以便对症下药，你有没有情况准确地表达给顾问。你有没有在员工的最底层的声音中听到，你有没有把上层的意见传达下去。各部门的执行力不强，就是因为各部门的沟通不善。

在我的公司，每人每天都要做一件很简单的事情，就是开邮箱看电子邮件。为什么呢？因为我们发现大部分公司都存在一个问题，打电话说老板叫他做事他不做，老板问他，我又没有收到他的通知，那另一个人说，我虽然收到通知了，我做完给他了，他自己说没有收到的，各种沟通虽然都有他的一定程度的存在，但最有效的方法还是用文字，所以我们就决定各部门之间不用推卸责任，不要说没听到，不要说不知道，不要说你没答应他，他以为你答应了，各种踢皮球的话我们统统把它消灭掉，一律用电子邮件，打开邮箱只要一看，你还说我没告诉你，我几月几号发的邮件，你不是收到了吗，你收到了怎么不做呢，所以这件事情的责任在你，而你会说我收到了，我不一定答应你要做呀，所以收到邮件都要有回复呀，我没有回复给你，你怎么说责任在我身上，可是你要回复说你不能做的原因和你什么时候才能做好的答复，你没有答复，对不起，责任也在你身上。如果你回复了，对不起，人家都已经回复你了，我们可以从邮件上查询得到，你怎么会说别人不照你的话做呢，别人都告诉过你需要种种支持了，你没有做，OK，看电子邮件，所有的信息都会被保存下来。

所以你怎么对内部做好政策的传达，你也得有个内部沟通的制度和系统。所以我们现在来看沟通管理的部分。我们刚才讲到对外沟通，多年来，我一直开办以下的训练班，就是因为它能帮助企业创造最直接的现金流：第一，销售。第二，行销。第三，客服，客服也是对外沟通。第四，谈判，你对你的供应商和合作伙伴的谈判。第五，公众演讲。这些都是你应该不断去学习的课程，也是你企业内部应该具备的能力。对外的沟通包括员工的会议、人力资源的管理、奖惩制度，大家都不知道大家怎么会照你的要求去做呢。第六，表扬会，员工成功了有没有庆祝。第七，顾问会议，有没有对症下药地去想出解答方案，这些都算是对内的沟通。我只是列出几项比较常见的，事实上你的企业需要各种不同的对内沟通的项目。

沟通做得越多，现金流入也就越多。我们要集中精力在沟通这个部分强化训练。本书后面会教大家所有的销售技巧，所有的行销方法，所有的客服模式，所有的谈判技巧，以及公众演说的技巧。可能你看完本书之后，学会这几个能强有力地创造现金流的方法，已经可以帮助贵企业创造不错的业绩和收入了。一个老板在创业初期需要亲自来和市场沟通交流，去创造现金流。

第六节　系统管理：一个都不能落下

等到现金流完善了，就要做好系统的管理，系统的建立。什么叫系统管理呢？这个我们在前面已经讲过了系统化，系统就是一套被复制的流程，肯德基有系统，麦当劳有系统，一般小餐厅没系统，这就是我们企业三角形当中最重要的部分。

当你对外沟通做得非常好，当你对内沟通做得非常好，现金流非常正常以后，你就要建立一个模式，建立一个系统，当你人不在场的时候，你的企业依然能够有效地运作，有效地赚钱。

一个系统就像一个人的身体一样，人的身体里面可能有消化系统，有循环系统，有呼吸系统，有排泄系统，有神经系统，所以，一个大系统是由许多小系统构成的，每一个人体的子系统只要运作正常，人就健康。每一个系统交互作用，产生一个人身。如果一个系统出问题了，你就会找那个系统的专科大夫，他了解那个系统的每一个构造和运作模式，他帮你对症下药，否则一个系统的毛病会延续到其他部分，让你身体其他部分也变得不健康。

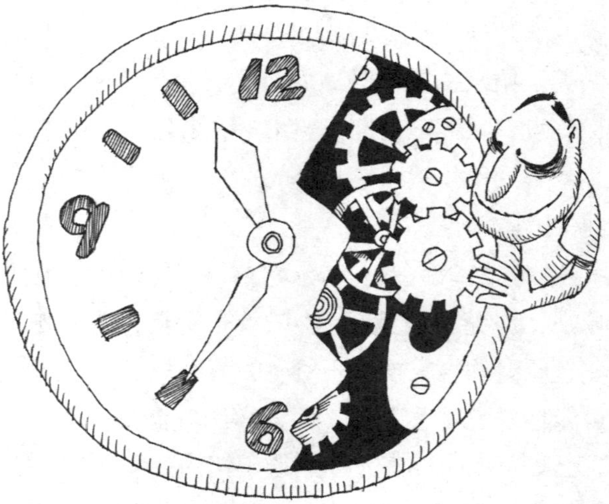

企业也是一模一样的，一个企业就像庞大的系统，内部有内部的子系统，每一个部门也有部门的独立的作业系统，跟另外一

个部门有效地整合在一起，所以这个企业才会健康地运转。而每一个系统都有专家，就是这个部门的主管在管理它。这个大系统的最后，也就是这个企业的总经理，他负责让每一个人在这个系统里发挥功能，让每一个系统运转得非常正常，不出问题。所以总经理的工作就像管家一样，让这个企业的系统按部就班地去运转。那你身为老板，你不要亲自去当那个总经理。因为你是要拥有一个企业，而不是要管理一个企业的。我的目标是要拥有一个企业，而不是要管理经营一个企业的。

本章并不教你经营管理，你要学经营管理你可能在其他书中学到一大堆。他们都在教你如何经营管理一个企业。

你的目标是拥有一个企业，而不是被企业所拥有。你要成为企业的主人，不要成为企业的仆人，所以你不要去当那个管家，所以你应该凌驾于总经理之上，成为一个决策者，成为一个方向的把握者，而不是去永无止境地代办事项，就是总经理在做的事情。系统是什么？系统是由系统组成的。只要学过开车的人都能开得动这辆汽车，这辆汽车才能叫正常的汽车。所以，一个企业也必须像汽车一样，只要学过管理的都能管得住你的企业，这个企业才是正常的企业。假如你管得住，换别人就管不了了，这就不是一个正常的企业。所以，**你企业何时才能走向独立之路，从你创业的第一天开始你就应该有一个这样的战略规划，让你能够有效地不在这个企业内部的时候，你企业依然能够运转的一套模式和系统，你必须开发出来**。

这里介绍一下每个企业都需要的几项有效的系统：

比如说，日常办公操作系统、产品开发系统、生产和库存管理系统、订单处理系统等。这个客户E-mail发来了，跟你下订单买东西，等你半个月还没处理好，客户感觉到你们有生意都不做，你怎么样有效地做好订单，处理工作。催生账款和应收账款的处理系统，几天必须催账，几天必须收账，收不到账怎么样惩罚顾客？收滞纳金，收不到账怎么样惩罚员工？扣他所有的资金和分红，你有没有一套制度制定出来了。客户服务系统，从客户成交之后到他很满意地介绍新顾客，或者二次购买你的产品，你有没有一套完善的服务流程。接下来应付款系统，还有市场营销系统，包括人力资源系统，还有一般会计系统，公司整体的运作系统和日常管理系统。刚刚我罗列了这么多公司必须有的系统。你可以按照这些方法一步一步地找到适当的管理人员来帮你建立制度，建立规范。那么身为老板，你不需要亲自去研究怎么把这些制度规范起来，你只要花点钱雇佣合适的人帮你做这些事情就可以了。

第七节　法律管理：永恒的护身符

系统稳定正常之后就要完善法律。法律管理是这个系统完善之后下一步所要做的最重要的事情，因为，一旦系统建立完善之后，你就有了一个真正有市场性的企业资产，你这个企业是值钱的，如果不靠法律来保护的话，你这个企业是不值钱的，因为你的资产随时会被别人偷走。

大家都听说过疯狂英语，疯狂英语这个品牌所有人都知道是英语教学中的一个很强大的品牌。那么大家都知道创办人是李阳，李阳老师我本人也跟他见过面，吃过饭，我们是朋友，我曾经阅读过一个报道，发现了疯狂英语很震撼人心的一个故事。

疯狂英语在李阳老师巡回演讲成功之后，立刻在全国引起广大学习者的追捧和欢迎。这时候，有一个广州的商人叫邓梁平，邓先生默默无闻，却靠疯狂英语赚了大钱，成为亿万富翁。为什么呢？因为他曾经做过一个《音乐天堂》的双月刊有声杂志，两盘磁带配一本书，所以他懂得如何制作产品，如何发行产品。他想找李阳老师合作，他想怎么合作呢？李阳老师巡回教学疯狂英语，但他用“疯狂英语”四个字出版双月刊和这个有声杂志。用李阳老师的品牌当然要找李阳老师合作啊，一个负责讲一个负责宣传市场造势，一个负责出产品，这是商业世界中最完美的一个合作方案。但是当时李阳老师年轻，有一点个人英雄主义，不太愿意接受这种合作，本能性排斥这种商人，所以他连电话都不接。邓梁平找他找了一年，实在是在失望透顶的情况下，只好自己做，只好自己去注册品牌。想要注册英语天堂，但他老婆就跟他讲，老公呀，你去看“疯狂英语”被注册了没有。他说不可能，李阳老师怎么可能不把这么一大品牌不注册呢。他老婆说你查一查就对了嘛。结果不查不要紧，一查吓了一跳：李阳竟然没有注册“疯狂英语”四个字！李阳当时注册的是“克里兹英语”，因为呀他担心中国的国情不适合叫“疯狂英语”，因为觉得政府可能不喜欢，于是他注册了“克里兹英语”，他觉得他注册下来了，但是“克里兹”就是“crazy”的意思，真正的意思就是疯狂，所以，他只是用一个英译法来注册一个品牌。但这个商标毫无市场价值，因为他对外宣传的是疯狂英语，他不了解市场行销，他不了解心理学，他也不了解如何建立企业，他完全犯了一个巨大的错误，他对外宣传的才真正是有价值的，顾客听见的、存在心里的才是品牌，所以呢，他没有被法律保护，“疯狂英语”四个字被邓梁平注册下来了。

邓梁平注册下来之后，他生产两盘磁带配一本书，相信大家在书店看到过，疯狂英语多年来一直在书店英语音像排行榜上是名列前茅的，所以这两盘磁带配一本书在全国大卖了。李阳到哪边演讲都是几万人，所以当地这个城市就几万套几万套地进。这么多城市出一期就可以卖几十万本上百万本，两个月出一期，不到一年，邓梁平就成了亿万富翁。李阳老师到处演讲完之后，所有人拿《疯狂英语》找他签名，他一看吓一跳，为什么？这竟然不是李阳本人出版的疯狂英语，却不知道该不该签名。如果不签名显得自己很没有风度，如果签名的话又在帮别人赚钱，真是进退两难。怎么办？李阳老师在大会上不断地宣传，他说各位不要买假冒的《疯狂英语》，市场上有人在冒牌我的《疯狂英语》，请你们要买就买正版的《疯狂英语》。这时候消费者记住这句话了，一下台看到有“克里兹英语”头脑就想不行，这是假冒的，

《疯狂英语》才是正版的，统统都去买《疯狂英语》了。

各位看懂了没有，真正的疯狂英语正版的到底是注册下来的还是李阳的“克里兹英语”呢？消费者难分真假。他只听到《疯狂英语》，他就感觉是正版的，这时候李阳老师发现再怎么宣传都没有用，大家只是买那个《疯狂英语》，而不去买李阳的《克里兹英语》，他感觉可能要叫“疯狂”二字才会畅销。于是，我在1999年左右看到了书店有一款新的李阳老师推出的产品，叫《疯狂美语》。他大概意识到叫“疯狂”两个字才会大卖。于是他叫《疯狂美语》，没有想到有一天，我在书店看到消费者正要买《疯狂美语》的时候，旁边他的朋友跟他讲，哎呀，不要买这个《疯狂美语》，因为李阳说有假冒的，你看正版的应该叫《疯狂英语》，叫“疯狂美语”肯定是想仿冒李阳老师的《疯狂英语》，所以我们出版正版的李阳老师的《疯狂英语》，结果买的却是邓梁平的合法的《疯狂英语》，而李阳老师的《疯狂美语》却卖不掉。在座的各位，多年以后李阳老师又推出一套产品，叫《疯狂说英语》，他把“说”字打得特别小，所以消费者几乎是没有看到，因为他可能意识到可能不能叫美语，消费者要学的是英语的感觉，而不是学美语的感觉。有人正要买《疯狂说英语》的时候，我又听到了有人说不对，李阳老师说不要买假冒的，你看《疯狂说英语》，他多了一个“说”字，肯定是假的，我们要买就要买正版的《疯狂英语》，所以这个产品又不好卖。

看到没有？自己亲手创立的一个品牌，自己又不能被法律保护，竟然要用盗版，法律的擦边球来模仿自己创立的品牌，这是非常可笑又讽刺的一件事情。

后来，我终于看到市场上推出了一款新的产品叫《李阳疯狂英语》，为什么？因为“疯狂英语”四个字受认可，而李阳两个字是他本人的名称，所以把这两个字合在一起被消费者认可才开始大卖。但是对不起，这个英语市场的钱可能早被“疯狂英语”的邓梁平赚走了。李阳老师已经抓到的这个英语市场可能是末期了。所以，他因为不懂法律，因为不懂如何建立强大企业的三角形，而让自己损失了上亿的市场份额。

由此可见，一个错误可以让你损失上亿，他如果能提早看这本书该多好，可惜他当初没有看到这本书，因为当时我也不懂，我自己也是犯了一些关于法律上的错误后，我才搞懂这个三角形是多么的重要。

李阳老师在接受电视访问的时候，也常常讲，我年轻的时候痛恨一个人，姓邓，叫邓梁平，我当时恨不得把他给杀了，因为他竟然冒牌我的“疯狂英语”在全中国大卖特卖。当时李阳老师身家还不到千万的时候，邓梁平就成为亿万富翁了。

我只想提醒各位读者，你企业的名称被保护住了没有？你的品牌被保护住了没有？你的知识产权被保护住了没有？你的商标被保护住了没有？你的发明被保护住了没有？你的专利被保护住了没有？你所有该被保护的东西没去保护，这些资产都不是你的资产，有一天可能会被别人偷走。

有些人签对一张合约，成为亿万富翁。有很多人拿到一张保护证明就会成为百万富翁。比尔·盖茨的微软公司如果没有得到知识产权保护的话，他的软件早就被全世界盗版盗到底了。所以，你一手打造出来的资产，请用法律来保护。这个我访问大部分的生意人和老板，你公司有法律顾问的请举手，大部分都没有。我说你公司什么时候才能有。他说等以后赚钱了再有，我说等你赚钱了再有，可能已经来不及了。

我再举个例子，假如阿强和阿花两个人相恋了十年。有一天，阿花突然在一觉醒来，对阿强讲，阿强啊，我们相恋十年了，你看你十年前一无所有，十年后的今天应有尽有，所以我说也是时候了吧。各位，阿花在暗示阿强——求婚。这个时候阿强突然说了一句话。他说阿花我爱你是真的，所以你不要在乎有没有这一纸证书，既然我们相爱了，彼此只要心灵相通就可以了，我们同进同出，同吃同住同睡，我们跟夫妻有什么两样。好，反正我也叫你老婆你也叫我老公，就可以了嘛，至于那张证书是不重要的，有证书我不爱你也没用呀，没证书就算我爱你的话，你也不要计较这么多嘛。各位读者，这件事你们猜阿花要不要同意呀，可不可以？当然不可以了。所以我在讲这个故事的时候，每一个女孩子都说不可以。为什么？因为没有法律保护。我说你们在交男女朋友的时候都懂，阿强就是资产，好不容易十年以来培养成功了，万一没有法律保护，很可能就会被人抢走。

你的企业也是一模一样，你十年有成，但是你有成的时候被别人偷走你的资产，你就来不及了。

我的老师罗伯特·清崎，曾经创办一个非常成功的企业，为他赚取了上百万美元，他成了百万富翁，但是因为他的产品行销全世界，太畅销了，所以有人注册专利，把他的产品专利拿走了。于是他自己本身是发明人，他却没有办法继续销售他的产品，所以他搞懂了这一点，特地在三角形中把“法律”两个字加进去强调，所以呢，当你正在看本书的时候，你觉得“赚钱机器”这四个字不错，你想模仿邓梁平把“疯狂英语”注册下来。

你去注册一下“赚钱机器”，你可能注册不下来了。因为我知道要靠法律来保护我的资产。我们早就在销售产品之前，知道有更重要的其他的事情必须去先做到，而法律就是其中之一。

你要懂公司法，这是很正常的，要不然的话，我曾经在中国第一个开办咨询公司的时候，我的合伙人跟我讲：“杜老师，我去办营业执照，因为你是台湾人，你出面办不太好，所以呢，你不用出面了，你把你的证件给我就可以了。”于是我跟他签了一个私人协议，我占50%的股份，他占25%的股份，另外一个出钱的人占25%的股份。

这个人出面办完营业执照以后，我们就开始营业了。我们公司在我的一系列推销行销跟运作模式下第一个月就赚了不少钱，我们从一个小的像杂货铺的门面当中搬到一个700平方米的写字楼里面去，我们有自己豪华的训练厅、会议室，我们有自己豪华的业务办公室，我们有各部门主管的办公室，我们弄了一个很漂亮的咖啡厅，没多久，我们公司的实力就越来越强，因为我们公司非常赚钱。

后来为什么失败呢？因为理念不合。他说杜老师，我们应该要趁我们现在有钱，趁我们现在客户很多，我们要多来推广一些其他课程，我们要开电脑培训班，我们要开英语培训班，我们要开家政培训班。我说不行，我这个培训班的性质跟那些职业培训不一样，我们要专精，我们要统一形象，不要又开我这有关创业方面的教育，又开就职上班方面的教育，这是不符合形象的。他跟我的理念不合。我说一定要专业化，他说一定要多元化，我说专业化，他就说多元化，理念不合怎么办，干脆分家了。在分家的时候我跟他说我要跟你分手了，所以我要带走属于我的50%的资产，请你立即清算资产，他说杜老师你只是我聘请来的讲师，你怎么可以清算资产呢？我说你有没有搞错，这是私人协议，请你看一下，我占公司50%的股份。他说杜老师你才搞错了，这是公司的营业执照，上面的法人代表是我的名字。我说我知道，法人代表是你的名字，但我是股东。他说不相信你去工商局去调查调查，你就知道了。

我去工商局调出股东名册才发现注册的股东不是我的名字，也不是另外一个出资人的名字，是这个法人代表另外两个朋友的名字。后来我才发现这个公司名下所有财产我根本一毛钱也拿不到，因为我在法律上不被保护，他只是动了一个小小的手脚，就让我的心血统统白费，属于他的了。

虽然我在这个方面跌了一跤，但是我就非常清楚明白地知道将来如何努力地保护住我自己努力的成果。所以，如果你不懂与公司相关的法规，就可能会在这方面吃很大的亏。你聘请了这么多人，这么多人如果一不小心有一天触犯了一个法规，他可能会让你公司的资金有大量的损失，为什么呢？因为你用工的时候有用工的协议，用人的时候有用人的法规；客户的权利及保障的法律，这个在我们客户的每一笔交易的单据上面都已经在合法的情况写明白了每一笔交易后所产生后续的事项，客户有他的权利，我们公司有我们公司的权利，这值得你去注意，证券和债务合同，你的每一份合同，有没有律师帮你过目。接下来的股东问题、知识产权等等，通通都是法律管理应该要管好的部分。

第八节　产品管理：好树结好果

现在我们继续来看三角形的每一个部分，再次复习一下，下面叫使命，旁边叫领导团队。当三个先决条件完整之后，现金流必须正常，沟通越多，现金流入就越多，然后再去建立系统，当资产建立成功以后要用法律保护，最后才是销售产品。产品不是不重要，它毕竟是企业换取金钱的很重要的一个工具，但是这个产品是三角形这八个项目当中最其次的，也就是说其他七项事情完善之后，你才能把产品当成最重要的事情来看。当其他七件事不完善的情况之下，你光看有好产品就想做这个项目是不对。

通常有人找你做某个项目，你不要光看这个产品就想投资。

有人跟我讲说单手就可以打字的键盘我发明出来了，我没兴趣。有人跟我讲，杜老师，学英语最方便的学习法被我发明出来了，我们来推广英语培训班好不好？没兴趣。

我想知道什么？我想知道这家公司的实力是什么，领导是谁，团队是谁在管理，现金流的资金是什么，用什么方法对外沟通对内沟通，是用什么系统在运作，法律保护住了没有。我前七件事情先看下，前七件事OK，我才相信这个产品和这个公司是可以投资的，这个产品就算不是非常好，这个公司也会赚钱。如果产品非常好，前七件事不OK，任何一件事不完善，都会成为这个企业的隐患。可能有一天公司会因为这个漏洞而毁于一旦。所以呢，产品是最后才要考虑的，当前面七件事都非常完善了，卖什么产品都会非常赚钱。

麦当劳的食物是全世界最好吃的吗？当然不是。但是麦当劳为什么能赚大钱呢？不是因为食物本身，而是麦当劳前面的七件事做得很好，一个公司的体制完善了，管理系统完善了，它怎么卖这个产品是最后的事情。

麦当劳常常推出新品味的食物，它发现这个不行，再推出下面一个，不断推出，淘汰自己的旧产品，推出新产品是因为公司的前七件事做得非常好，而只靠一个产品就想赚大钱，事实上这是不对的。所以，我们的三角形，我们现在再全部地整体地回顾一下第一个外面的三边——使命、领导、团队。内部现金流要不断地完善，要不断地做好沟通，然后建立系统，法律保护，最后销售产品。所以当你依照三角形的八个原则去一步一步建立企业的时候，你的企业也会因为老板的不在而运转得非常好，而让你拥有一个真正的企业资产。你在开发下一个企业的时候，一样是按照这八个步骤，你在建立分公司的时候，建立子公司的时候，跨行业经营的时候，都是一样依照这八个步骤去建立自己的企业。有一天，你会发现你的企业规模越来越大，你作为老板却越来越轻松。我自己也是依照这八个步骤去建立自己的企业。

大部分老板太忙了。大部分老板本来应该花钱去思考如何事半功倍地经营方针的时候，他却忙得顾不上去思考了，他付出所有的努力，付出最大的力气，去亲自在企业里面工作赚小钱。所以他永远是事倍功半的。所以说你必须腾出一些时间来，让自己真正去思考，去寻找方法让自己用更少的力量去创造更大的成效。最重要的任务，就是思考，所以大部分人太忙了，忙得连赚钱的时间都没有。大部分老板太忙了，忙得连赚钱的时间都没有，因为他埋头苦干去赚小钱，而不懂抽出时间来思考如何赚大钱。所有老板都有三件事可以做——过去现在和未来，你一天到晚忙着与经营商结账库存盘点，把过去的事做得再好也不会对未来产生帮助。你一天到晚去接客户去开会，去聘用人才，你把现在的事做好，也停不下来的。你必须对未来做准备。你要去思考三五年的战略，你要去思考一个战略，思考一个方向。你要去做出一个十年的准备，然而这些事做完对未来有巨大的帮助，你却不做，因为你现在不做也不会死，因为你都去做紧急的事情。你不去做重要的事情了，你都去救火了，不去规划未来了，现在这些重要的事情做完并不会产生巨大的效益，但是不做你未来始终会处在一个竞争落后的阶段。也就是说你应该花80%的时间去做未来的事情，现在和过去的事情花20%的时间去做就可以了，而大部分老板都颠倒过来，花80%的时间去做现在和过去的事情，他没有什么时间对未来做准备。

你今天看本书就是对未来做投资做准备，因为今天看完也不会对你的企业立即产生巨大的效益，但是却会在五到十年内对你的企业的结构和发展的方向做出彻底的改变，这是重要的事。但一般人没有时间去做，他都去做紧急的事了，通常重要的事不紧急，紧急的事通常不重要。我想请问在座的各位老板，你一天到底花多少时间在企业上。很多人会说，杜老师，我花10个小时，我花15个小时，我一天至少工作8个小时。错！你并没有花时间在企业上，你只是花时间在企业内，在企业内和在企业上是不一样的，在企业内部有无休止的工作，有无休止的代办事项，你是企业的奴隶，你并没有生活在企业之上，花时间在企业上，你要拥有一个企业，而不是要被企业拥有，你是企业的主人，而不是企业的仆人。你要想办法有一天你不在企业的内部而你的企业却依然有效地运作来为你赚钱。从你创业的第一天开始，你就应该有一套良好的退出战略，你什么时候才能真正地退休，你企业不需要你，你的企业还能运作得非常好，这一套退出战略你准备好了没有。我强烈建议你花时间去思考这套战略。

大部分的企业在发展的过程中一定会经历五个阶段。

第一阶段叫做没有阶段。什么叫没有阶段？什么都没有，看不到办公室，看不到厂房，看不到人才，看不到产品，什么都没有，连营业执照都没有，但这时候企业已经存在了，存在在哪里？存在这个人的脑海里，他常常在睡觉的时候梦到他的企业，他常常跟人家吹牛说，我将来会有一个伟大的企业，他常常在想他的计划，想了十年还没有行动，这时候企业已经在他的脑海里了。所有伟大的企业当初这个创业家头脑里面都只是一个构想而已，什么都看不到，但所有的这一切都是从这里开启的。你也许正处在这个阶段，你还没有真正建立你的企业。不要紧，企业家都是从这里开始的，你只要知道这时候你只要迈出关键的一步，你很快就进入下一阶段，但是可惜的是很多人连这一步都迈不出去，他就一直处在没有阶段，存在十年二十年，你还是这个阶段。所以我当成你也是企业家，只不过你可能现在处在的阶段跟别人不同，如此而已。如果你现在处在没有阶段，你需要迈出勇敢的第一步，去建立你的企业。一旦你开始着手行动，你马上走入了第二阶段。

第二阶段是什么阶段呢？**第二阶段叫混乱阶段**。什么叫混乱阶段？乱七八糟，电话没人接，仓库没人管，送货没人送，财务也是一团糟，各部门员工薪资发放也不按时，顾客经常抱怨，文件没人处理，一天到晚别人都抱怨你这个企业不好，其实不是不好，这是正常的发展阶段而已。再伟大的企业当初都经历过混乱阶段。只是别人长大了，你还小而已，不要灰心，不要难过，你也会长大，它当初也有过这个阶段，只要你知道混乱阶段你要做什么，你就很快进入下一阶段。

第三阶段叫做稳定阶段。各部门人才已经就位，各部门系统即将完成，各部门在有条不紊地经营着你的生意，你进入稳定阶段你可能以为你成功了，对不起，你还没有成功，这只是第三阶段而已。很多人可能在第三阶段要经历五年，经历十年，他慢慢在稳定了以后开始求发展，他才真正有希望走向所谓的成功。很多人认为他稳定了，他就成功了，不再进步了，他就一直停在这个阶段，如果你能更上一层楼，**就进入发展阶段**。

什么叫发展阶段？在这个阶段是你迅速扩张的时候了，是你人才不断变多，资金不断变多的时候了，你会觉得这是你腾飞的几年了。发展阶段极速地上升的企业让你以为你成功了，事实上还没有成功，当这个时候你以为你已经成功了，你很快就会走下坡路了。如果你知道在这一阶段该做什么事去守业的话，很快进**入最后一个阶段，叫强大阶段**。

建立强大的企业，是要一步一步走上来的，在强大阶段你已经拥有人才的绝对优势、资金的绝对优势，你的品牌也有了绝对优势，在行业里面你几乎掌握了所有的优势资源，在行业里面你是龙头老大，几乎没有人跟你正面冲突，正面竞争。IBM处于强大阶段，联想处于强大阶段，到这个时候，你才算是真正建立了一个真正的赚钱机器。你已经修建起了一个伟大的管道，你开始获得真正的自由和有价值的企业资产。

第七章 你的员工也可以拥有赚钱机器

第一节 那不是员工的错

在一次讲座过程中，我遇到了一些中小企业的老板，其中有一位对我说："杜老师，我的员工在听完您所讲的赚钱课程后，都想自己出去创业了，结果我都不敢再带我的员工来学习了。"

类似的话，这么多年我听过很多次了，因为我的确是在课堂上向大家灌输创业的观念，也激励大家创业的斗志，而且也有非常多的老板告诉过我，他们的员工听过我的讲座之后都想跑出去创业了。

对此，我有三点看法：

第一点，如果你的员工没有来培训，他会一辈子当你的员工吗？

难道没有参加创富教育的培训，他就不会自己创业吗？

很多员工其实心里都有创业的抱负，即使他不参加创富教育培训，若公司老板把他当傻瓜，一辈子用到底，在这个过程中他也会辞职的。天下没傻瓜，有的人只是反应比较慢而已，所以暂时为你工作。如果公司的福利待遇不够好或者是招聘到了一个很有创业心的人，都有可能出去创业，而不完全受创富教育的影响而离职。

第二点，如果你的员工听完创富教育课程以后不去创业，那的确是忠诚的员工，他们需要安稳，一生的梦想和目标并不是要创业。

如果把创富教育当成一面"照妖镜"，送所有的员工来上课，其中有些员工上完课后就离开了公司，那么恭喜你！幸亏对其尚未重用，否则他终究还是会跑，你这个老板不是看错人、用错人吗？

同时你也可以看清，学完致富教育课程依然没有跑的员工，其实才是你值得培养重用的人。

第三点，你应该好好想想：员工为什么要辞职创业？

员工通过培训后产生了创业的念头，至少说明你聘用栽培的对象有上进、好强的本质！只要你的舞台足够大，他在你所提供的舞台上尽情创业，你就多了很多小老板，你不就成大老板了吗？如果你这个老板的格局太小，你提供的舞台不足以让员工尽情施展、尽情发挥，就算工作了一辈子也只能在一个小范围里面，那么，培训完就跑的原因在于公司老板本身，而不是培训的问题。

请记住：创业不一定要到外面去闯荡，创业也可以在企业内部进行，可以与老板合伙，而不是一定要出去单打独斗。真正学完创富教育课程的人，非但不会到外面去单打独斗，反而更会了解合作的力量。

在企业内部有非常多的小老板与你合作，这是好事情，所以你不必害怕“教会徒弟，饿死师傅”的情况发生。

宁可将你的舞台变得更宽广、更深远，让更多的人在你的集团内部创业，任凭他们在你的天空高飞，让你的公司蒸蒸日上，也不要逼他们因为只能一辈子当员工，没有做老板的机会而离职，然后到外面与你竞争。

因此，你当然可以让你的员工也拥有赚钱机器！

并不是只有大老板才能拥有赚钱机器。

第二节　让员工的口袋鼓起来

如果员工在外面还拥有一个事业，老板一般都不太高兴，然而这却是于情于理于法都管不着的事情。现在，我分享给你一个办法，让你的员工打造他自己的赚钱机器的同时也为你效劳。

我有一位非常年轻的朋友，我们彼此合作了一个项目，他愿意跟我分享他是如何在不到30岁成为富翁的经验以及能够有效管理3000多名员工的成功模式。他请到了最好的会计师事务所为他的公司设计了一套非常科学的薪酬制度，很多听说过这套制度的老板都深感受益匪浅。他对我说：在他的公司中，所有员工的收入都分为四种，而一般员工只能得到前两种收入。

第一种收入——勤劳所得

这是一般员工所赚取的工资收入，靠付出劳动时间来换取。早上8点上班，晚上6点下班，按时打卡。

相信多数年轻人毕业后的第一份工作都是为了获取勤劳所得，而且大多数人只能获得勤劳所得，却只有少数人能够获得第二种收入，即管理所得。

第二种收入——管理所得

什么叫做管理所得？

例如一名餐厅的经理，管理整个餐厅的前后台，加起来超过10人。每月除底薪外，还可以额外获得一份提成奖金，即管理收入。店里的营业额越高，他的提成就越多，营业额越低，他的提成就越少。或者是一名保险公司的业务主管，管理一个有20名业务员的部门。这20个人创造的业绩越高，他的提成就越多；业绩越低，他的提成就越少。

这是一般的管理收入。

大多数人再怎么努力也只能赚取勤劳所得或管理所得，但是老板可以赚取第三种收入即经营所得。

第三种收入——经营所得

所谓经营所得，即扣除营业成本之后公司所获得的净利润，也就是经营者所获取的收入。

所以大多数老板能省就省，都会要求节约用水用电，房租要低一点，货款等方面最好也低一点，因为每降低一分成本，就增加一分经营所得。

员工永远赚不到这笔钱。在这点上，员工的立场与老板是对立的。

主管永远赚不到这笔钱，因为老板为自己省的每笔钱都与他们无关。主管想的永远是最好老板多投资一点钱来让自己的业绩做得更好，让自己的勤劳所得再多一点，管理所得再高一点。

大部分老板与普通员工、主管在这一点上都处于某种对立状态，员工和主管无法赚取经营所得。

第四种所得——资本所得

资本所得也叫做投资所得，纯粹是投入大量资金而得到的回报。

绝大部分人没办法赚到这种钱，因为缺乏充足的资金，所以他们只能靠付出劳力、聪明才干或者专业技术来获取勤劳所得、管理所得或者经营所得。

而老板掌控了大笔资金，比小额投资者更容易在股市获取投资所得，也可以在其他各种渠道获得投资所得，而且不需要付出太多劳动。

我问我的一位合作朋友：“你是怎么利用这四种收入所得为公司创造那么好的业绩的？”

他说，**作为老板，要创造一些办法让员工也能拿到经营所得、投资所得，这样的员工就跟老板差不多了，不但在工作的时候有工资收入，不工作了还能积累他的资本来获取经营所得，那么员工自然会把公司当成自己的公司，觉得自己也是**

老板——为公司老板着想，也就是为自己着想。

我与朋友合伙创立的公司就是利用这种制度创造了良好的业绩。具体来说，当时我们的产品大约以1万元销售给顾客，让顾客获取相当多的会员权益。但是我们不打算采用打广告这种传统的销售办法，而是决定建立销售团队，采用人员销售的办法，销售团队越强大，我们的销售业绩就会越好。

让员工富起来，老板也会富起来。

第八章 销售与行销

第一节 成交一切都是为了爱

对外交流做得越多，流进的收入就越多，所以对外的交流沟通最重要的是在企业的内部，也就是你的销售部门。

你的销售人员的销售能力如何，决定了你的企业的营业收入能不能变得更大，所以销售就等于收入。0=0，100=100，10000=10000，销售等于收入，收入不够高，就是销售做得不够好，收入不够高，就是销售做得不够多，不满意自己的收入就应该不满意自己的销售技巧，想要加强你的收入就应该强化你的销售技能。所以销售最主要的目的就是为了成交，大多数人无法成交，不是因为他不会成交，成交的步骤自己就可以学会，成交的策略自己可以学会，大多数人是因为内心有障碍，他担心要求别人买东西可能会不好意思，他可能会怕被别人拒绝，可能觉得赚别人钱是很丢脸的事情，所以大多数人是内心有恐惧和障碍。

在我的绝对成交三天课程里，为什么80%的课程在教授成交销售技巧时还有20%的课程激励你的状态呢？因为20%的部分我要帮你彻底解除你的心理障碍，让你真正站起来走出去，**把话说出去，把钱收回来。成交一切都是为了爱，当你真正这样想的时候，你才真正能够成交你的客户。**

你爱客户，爱产品，爱自己。你觉得产品是最好的，最棒的，物超所值，你为什么不推荐给他，你为什么要看着顾客拒绝你，你依然看着顾客让顾客说NO呢？如果你真的觉得顾客是值得帮助的，你爱你的顾客，就应该让他买你的产品。你怎么会有恐惧呢？你无法成交你自己，所以你无法成交别人。当你不相信产品物超所值的时候，就好像100块我卖给你1000块，你当然会觉得太贵了。花1000块只买到100块，所以我被拒绝了，感到很恐怖，我觉得我心虚，赚你太多钱了，但如果100块我只卖给你10块钱，你不买简直是你的损失。你不买可能你头脑里有问题，你不买可能是你傻而不是我笨，你不买可能是你自己的损失，而不是我的损失。所以当我相信我的产品物超所值的时候，我可大胆要求顾客买，顾客不买是他的损失，而不是我的损失。

你的销售人员应该学会沟通，但还没有学会对外沟通之前，要学会对内沟通。对自己沟通，他必须自己告诉自己，我的产品为什么物超所值，为什么我一定要我的顾客说YES，为什么我的产品真的能帮助我的顾客，他打从内心里完全相信了，完全对自己说YES了，别人才会对他说YES，一个人必须说服自己，才能说服别人，你要自信，别人才能信你，你成交一切都是为了爱，当你状态是最好的时候，你接下来再学习销售技巧才会对你产生效果。

如果你不来克服你的恐惧，你就算再懂再多技巧，对你来说也无效。当你相信成交一切是为了爱，顾客很乐意购买你的产品，你的状态非常好的时候，就算你没有太多技巧，你都能收到顾客的钱，在收钱的那一刹那，你有热情，你有信心，你有能量，你有气势，你就能够成交他。这是自我的沟通，自我的交流。在收钱的那一刹那，你胆怯，你无助，你害怕，你没信心，你恐惧，你就收不到他的钱，成交就是把话说出去，把钱收回来。

第二节　引导顾客说YES

接下来我们来谈方法，你如何一步一步地引导顾客说YES，一旦你学会了如何成交，你就学会了世界上最难的两件事情。第一件事情，把我的思想放在别人的脑袋里，第二件事情就是把别人的钱放进我的口袋里。

毛主席懂得把思想放进别人的脑袋里，别人把命交给他，跟他打江山，建立新中国。我们从事商业活动，我们只不过把思想放进客户脑袋里，把客户口袋里的钱放进我的口袋里，如此而已。顾客最终买我们产品的原因是因为他信赖你，没错。他再有需求他不和你买，他可以和别人买，他没需求他也可以跟你买，只要他喜欢你，信赖你，你跟他推销，他可能就会买。这是一种经验，别人卖的东西你不需要，但是你跟他关系好就买了。顾客买我们产品是什么？是信赖你。要信赖先要喜欢，我们需要顾客先喜欢我们，才有办法让他们相信，你不会去相信一个你讨厌的人，你不会相信一个你不喜欢的人，我们要让顾客喜欢我们，顾客才能信赖我们，但如何让顾客喜欢呢？

“喜欢”这个词语的英语是“LIKE”，“LIKE”除了是喜欢的意思外，还有一个“相像”的意思。人喜欢像他自己的人，你在顾客面前是做一个像他自己的人他就喜欢你，你先赖着他，像着他，他就喜欢你。夫妻结婚久了会互相模仿，这就表示他们已经开始有夫妻相了，因为他喜欢对方，就想模仿对方，人喜欢像自己的人，人也会像喜欢他的人。所以你要模仿你的顾客。

在日本有一个叫原一平的人，被称为保险之神，业绩在日本第一。他要找的是大客户还是小客户？答案当然是大客户，找这个大客户通常是有钱人还是没钱人？答案当然是有钱人。

那么，原一平在街上看到奔驰汽车，他就想大概奔驰车里面的老板会成为他的客户，他就跟踪这个奔驰车一个礼拜，看这个人去哪里上班下班，仆人接他去哪里买菜，他都跟了一个礼拜了，对这个未来客户的情况已经一清二楚了。

有一天，他两点半出现在健身俱乐部，为什么？因为过一会这个大老板会在健身俱乐部健身，他穿的运动服呀鞋子甚至连发型都跟这个老板一模一样。因为他调查过老板穿什么样的服装，所以他在里面健身运动跑步的时候，突然看到老板走进来了，就继续假装在这儿运动，健身，跑步。老板进来一看，哇，有一个人怎么穿得和我一模一样，这个时候这个老板与他保持一份友好的关系，两个人聊着聊着觉得很投缘，就跑去打网球，网球拍一拿出来，哇，你怎么连网球拍的牌子也一模一样。原一平打完网球去游泳去更衣室，哇，老板一看你怎么连穿的泳裤也跟我一模一样。原一平刻意模仿老板的结果如何呢？在结束的时候老板说我们真像情同手足的兄弟。各位你有没有一种经验，交往才一两天的朋友就因为彼此太吻合了，所以太像了，所以里面有一种血浓于水，融为一体的感觉，原一平立刻让老板有了这种感觉。结果原一平说你来我家吃饭好了，结果到原一平家老板吓一跳，每上一道菜都是我喜欢吃的，你怎么知道我喜欢吃这些。原一平说我也不知道你喜欢吃这些，这些都是我自己喜欢吃的，老板一听，你连品味也跟我一模一样，简直太相像了，你到底做什么行业，结果两人一聊，原一平说我帮像我们这一样的人规划一些理财性的保单，我买了两份，董事长买两份，某某社长买两份，你买了没有呀，老板一听我没有买呀，我一定要买两份，没问题我帮你规划。谈保险只花了20%的时间，80%的时间都在模仿对方，交朋友，建立信赖感，一旦有了信赖，成交变得很容易了，一旦没有信赖了，成交是变得很困难的事情。

销售技巧如果做得好，这个企业也会越来越赚钱。

第三节　倍增业绩的三个方法

倍增业绩有三个方法，哪三个方法呢？

世界第一的亚布罗汉行销大师说，**倍增业绩只有三个方法：第一，增加顾客的人数；第二，增加顾客消费的金额；第三，增加顾客消费的频率。只要稍微增加任何一个部分一点点，你的业绩就会呈几何倍数递增。**

有一次，在我的一个课程上，有一个卖豆浆的老板，他问：“杜老师，我要怎样才能让我的豆浆店客满？”

我说，客满要的是什么？人数！一般的企业只会用一种钓竿在钓鱼，他做推销他只会用推销员，他做专卖店他就只做专卖店，他打广告他就只会打广告，这一根钓竿一天最多只能钓到一条鱼，100根钓竿同时去钓鱼一天最多能钓到100条鱼，所以你钓竿太少了，可以请推销员推销，也可以打广告，也可以上网行销，也可以开专卖店，也可以请同行帮你销售，也可以招募经营商，也可以让顾客转介绍。每一个方法只要能用就要去用，就像每根钓竿都能找到一部分不同类型的顾客一样。

以我个人来说，我在上海举办一个1000人的讲座，事实上很简单，没有人只靠一个方法找到1000人的。我靠推销员能找到100人，我靠我的同行批发销售我的门票去找到100人，我的网站上有销售也可能找到100人，我有出书销售，出碟销售，可能找到100人，我有请我的老顾客帮忙转介绍又介绍出100人，我有在外地找到外地的经营商又来100人。每一个钓竿来100人，我十个钓竿就能找到1000人了。事实上钓竿太多了，但你没有研究过到底有多少种，世界上到目前为止我研究过有72种以上不同的钓竿。

当初，我给那个豆浆店老板出了个建议，我说：“你这个豆浆店为什么人数不多？”

他说：“因为地点太偏僻了。”

“这个大马路边有什么人潮最多的地方。”

“加油站。”

“你跟加油站老板有没有谈合作？”

他去谈，他说：“加油站老板，你好，请问一下，我送给你豆浆让你再送给车主，只要加油就可以免费喝豆浆，我供应豆浆免费，请问你愿不愿意？”

加油站老板很高兴：“当然愿意呀！”

加油站立刻搞起了宣传，加油免费喝豆浆，很多车主加完油立刻跑来，给豆浆券自己开车到街上去喝豆浆，所以豆浆店里面立刻来了一大批开车的人，那这些人拿免费豆浆券来喝豆浆，顺便跟老板说：“给我拿小笼蒸包、烧麦烧饼、油条、包子。”各位，这些额外销售出来的产品已经让他店里的生意很好了。然而广告费是多少？只是豆浆的成本而已。所以一个方法就可以让你的人数迅速提升了。

第二个方法：增加顾客每一次的消费金额。就是，你每一次在顾客购买之后。你要给他一个提议，让他愿意买的比原来多一点，你要给他一个不可抗拒的诱惑，让他觉得多买一点比少买一点更划算。

我去麦当劳点了一包薯条6块钱，再点了一杯可乐也是6块钱，一共12块钱。

他说：“其实你加一个汉堡更划算，因为汉堡本来要15块加起来要27块，现在只要再加10块才22块。就可以了。你省了5块钱哦。”

我想：省5块当然好。于是我要套餐了，这时候我从消费12块，变成了消费22块，我几乎要增加100%的消费金额了，从12

块加10块变22块，这就叫做增加顾客消费的金额。

我去肯德基不喜欢可乐因为嫌它太甜了，所以就点了一个炸鸡翅，他说：“你要不要来杯可乐？”

“多少钱？”

“小杯5块，中杯6块，大杯7块。”

“我要小杯。”

“买中杯可以免费换大杯，先生你才多加1块钱你可以得大杯。”

我头脑一想：多加一块可以换大杯，太好了，我加不加？加！他多收了我1块，就多给了我一些冰块，于是再多给我一些可乐，对他来说，一块钱减掉冰块和可乐的成本，有没有毛利润在里面？有没有净利在里面？当然是有的。你别小看这一块钱，肯德基如果一家店来1000个人，有500个人被加了，就是500块，500乘以一个月30天就是15000块，1000家店就是15000000块。他只是做了一个小小的动作，就多增加了一块，从5块钱的可乐变6块，你不要小看这一块，这是20%的增长率。这就叫增加顾客消费的金额。

第三个方法：增加顾客消费的频率，这个顾客原来一年来一次的，让他来两次，一年来两次的让他来三次，一个人来三次，他会来四次，你永远要想办法让顾客多回头几次。

假如你能想出办法让他多回头的话，那个办法一定是一个不可抗拒的诱惑，让他觉得多来几次比少来几次更划算。

我曾经在台湾看到可口可乐的广告：鼠牛虎兔龙蛇，羊马猴鸡狗猪，这个十二生肖拉环集满，寄到可口可乐公司就可参加抽奖活动，这个头奖有泰国旅游，有新加坡旅游，香港旅游，二等奖有什么旅游什么旅游，三等奖有电视机，烤面包机，微波炉，电熨斗啊，他说统统有奖，绝不会落空。

我想：既然统统有奖，决不落空，所以我尽量没事的时候，要喝饮料就喝可乐，后来，鼠牛虎兔龙，羊马猴鸡狗猪全部都中了，就差蛇。这时候，我喝了好多可乐，还是没有中到蛇，重复的都有两三套了还是没有中到蛇。这个时候，广告突然打出来说，正在参加抽奖的朋友请注意，你的拉环如果集满了请尽快寄来，还一周之内就要开奖了，我想：一周就要开奖了，所以我早餐也喝可口可乐，中餐也喝可口可乐，晚餐也喝可口可乐，我宵夜还喝可口可乐。我还是没有中到蛇，我回家买一箱可乐说，全家人拿去喝，可乐你们喝，瓶盖记得还给我。还是没中。我隔天到学校里面，我说，可乐你们全部拿去喝，记得瓶盖还给我。终于中了，就赶快把那个蛇，跟另外11个寄到可口可乐台湾分公司。

这时候，我在电视机面前看抽奖活动现场直播：恭喜高雄的吴先生你抽中了我们泰国旅游，恭喜台中的王先生你抽中了我们新加坡旅游，恭喜台北的凌先生你抽中了我们什么什么东西。我头脑里想，怎么还没有到我呢？什么电视机呀，面包机呀，微波炉呀，电熨斗呀都抽完了，怎么还没有到我，这时候仔细一听，他说恭喜杜先生，我一看，他说你抽中了特别奖，我一看什么叫特别奖？他说可乐一箱！我一听头都大了，我喝了这么多可乐了，又送我可乐一箱，那一阵子害我对可乐上瘾了。

我本来是偶尔喝一两次可乐的，但是，看到这个广告后，我竟然在一个月之内增加了上百次的消费频率。有多少人看到这个广告，增加了上百次的消费频率，可口可乐有没有一下就倍增业绩？如果你能想出方法去增加消费的元素，你的业绩增加30%不是问题，如果你不用第一个方法，你就用第二个方法，增加他购买的金额30%。现在有的消费者不增加人数，消费频率，不增加回头次数，只要你想出这个办法，你就能增加业绩30%。如果三个方法一起用会怎么样？又增加30%的人数，又增加30%的消费金额，又增加30%的回头频率，三个同时增加会怎么样？会赚翻了，金钱如浪潮般向你涌来，增加一共多少业绩呢？在三个月之内你可以增加到270%的业绩，因为这是呈几何数倍增的。

提升业绩的方法有很多，自己去想想，只要可行，就可以实施了。

第四节　行销

说服顾客买产品，就叫做销售，什么叫行销？为销售而做的一套计划，就叫行销。销售是要把产品卖好，行销是让产品变得好卖。

各位顾客想买品质好的东西，但他不知道谁的品质好，谁的品质不好，他是凭品牌决定品质的，他是听到牌子才能判断这个品质好还是不好。所以你要成为你企业中的第一品牌。让我们的品牌成为这个行业的代名词。可能你看喜剧就想到周星驰，你读琼瑶就想到看爱情电视剧，你读金庸头脑里面会想到武侠小说。

但是你不要宣传你比别人更好，你说我比谁谁谁更好是没有效的，当你说我的感冒药比康泰克更好，别人只能会联想你可能也是康泰克，你是模仿别人的，你不是领导品牌，因为领导者不需要模仿别人。

第一胜过更好，不同胜过更好。

记住：*第一胜过更好*。你宣传自己更好，别人以为你是跟随者，你要说你是第一个。

什么是第一个？这个世界上第一个做可乐的是可口可乐，世界上第一个做汉堡连锁店的是麦当劳，世界上第一个做刮胡刀的是吉列，世界上第一个做口香糖的是绿箭，世界上第一个做个人软件的是微软。

所以，当你头脑里面在想他是第一个做，可能是专家，他比较懂这个行业，他比较懂这个产品，在这个领域别人都是追随他模仿他的，所以你要当第一个，只要你是第一个，你几乎已经成为这个类别的老大了，这叫领先法则。所以，第一胜过更好。你要强调你是第一个，而不是强调你比别人更好，这个可口可乐是老字号，第一品牌，它只要宣传它是世界上最悠久的，世界上第一个做可乐的，它就奠定了龙头老大的地位了。

如果后做可乐的想要赢它怎么办呢？各位，如果你不是你同行中的第一个，我再送你第二句话：**不同胜过更好**。也就是你要强调你与它的不同点，你要进入另一个类别当第一个。

百事可乐说："我是新生代的选择，你要昨日的可乐还是今日的可乐？"

美国人一听，哇！原来可乐分两种，一种是老掉牙的可口可乐，一种是新的，我们是年轻人，我们可能需要喝百事可乐。而年纪大的人头脑里又在想什么呢？我需要感觉，我也想很年轻，我也喝百事可乐。

所以，可口可乐就说了："各位民众，你是要真的可乐还是假的可乐，正宗的好味道可口可乐？"它把可乐分为两类，一个是除了它是真的外，其他统统都是假的，这个类别告诉我们你不要当第二个，你要当另一个类别的第一人。

你一旦定位为某一个类别的第一人了，别人再做这个类别都是模仿你的，你要记住不要在大池当中做小鱼，那样你会被吃掉，要在小池当中当大鱼，吃别人去。

你推出新产品的时候不要问自己，这个产品比竞争对手好多少，你要问自己这个产品我要抢什么类别，如果你要做洗发精，你可能会问自己我能不能抢去屑的第一，去屑有海飞丝了，你就问自己能不能做柔顺的第一，不行，有飘柔了，那你做这个营养护发的第一，不行，有潘婷了，那你做中药世家养发的第一，不行，有霸王了，你做这个生发的第一，不行，有101了，那你做这个造型的第一，不行，有沙宣了，所以世界上每一个产品在不断被分类的过程，你要想出下一个类别，进去当第一个。

不只是洗发精这样，感冒药这样，不只是可乐这样，其他饮料也是这样，如果你做水做不过别人，你也可以做纯净水，如果你做纯净水做不过别人，你也可以做山泉水，如果你做山泉水做不过别人，你也可以做蒸馏水，如果你做蒸馏水做不过别人，你也可以做乳制品牛奶，如果你做牛奶做不过别人，你也可以做酸奶，如果你做酸奶做不过别人，你也可以做巧克力奶，如果你做巧克力奶做不过别人，你也可以做草莓奶，再不行的话你可以做茶，有绿茶，红茶，茉莉花茶，再不行你做功能饮料，再不行的话你要做另一个类别。把你的饮料厂变成卖果汁的，不行，有汇源，你可能要卖比如草莓汁、酸莓汁之类的东西。

世界上的每件东西在不断地被分类，汽车有高档车，中档车，平价车，吉普车，有屁股没屁股的，有敞篷的没敞篷的，有四门的有两门的，不断地在被分类，你永远可以在你产品中再区分出一个类别来，进入这个类别当第一人，宣传你是这个类别的第一人，你在这个类别中占据老大的位置，所有买别的产品的人都过来找你，所有买这个类别的人都来找你了。你要记住这叫反向法则，最好的方法就是跟头号竞争对手唱反调，可口可乐是红色的，热情洋溢，所以百事可乐就用蓝色，这就叫做冷色调。大家记住领导品牌有些人不想买，市场上有两种人，第一种想买领导品牌，第二种不想买领导品牌，你模仿别人的后果就是想买你的领导品牌的不买你买他，因为你是模仿者，不想买领导品牌的人呢，也不会买你呀，去买别人。你要唱反调，你要跟领导者唱反调，想买第一品牌的买他，不想买第一品牌的人就买你，记住百事可乐是最好的经典的案例，白加黑是最好的经典的案例。

大腕明星的成名之路

在多年前，成龙刚出道的时候，想模仿李小龙，他头脑里面想成为中国功夫的下一个第一名。

当年李小龙如日中天，打进好莱坞，成龙头脑里想，我只要在李小龙不出来演电影的时候就可以超越李小龙了。但是很遗憾，成龙拍了很多电影都超越不了李小龙，曾经一度进入好莱坞，结果惨败而归。为什么？当初他在电影中模仿李小龙一样脱掉上衣，露出肌肉，然后穿着那个功夫装在打斗，大家看到这个形象就想起李小龙，因为李小龙在电影里面种种的形象已经深入人心了。你要想超越李小龙怎么办呢，记住，第一胜过更好，不同胜过更好。成龙遇到一个经纪人叫陈志强，陈志强跟成龙讲他学过行销学，第一胜过更好，不同胜过更好。在成龙当年穷困潦倒，默默无闻，每天借酒浇愁，烂醉如泥的时候，陈志强说你必须跟李小龙走相反的线路。他研究李小龙在电影里面喜欢飞踢，成龙就决不飞踢，他发现李小龙喜欢尖叫，尖叫起来那种高大威猛的感觉把敌人给吓跑了，成龙决定在电影也要叫，但不是叫得高大威猛，是叫被打得很痛，被撞车了，被摔倒地上了，被打了一拳成龙才会叫，所以一个叫强一个叫弱，成龙发现李小龙喜欢扮演民族英雄的形象，成龙就演市井小民。一个好人走在街上被坏人冤枉，为救出女朋友终于把坏人给打死了，有没有看过这样的电影？成龙走跟李小龙完全相反的路线之后，甚至演出了功夫喜剧。所以说功夫喜剧第一人的位置被成龙奠定。现在成龙扬名海内外，没想到中国功夫以前是李小龙，现在是成龙。

李连杰为什么能打进好莱坞呢？因为李连杰的武打招式跟李小龙不一样，跟成龙也不一样，所以，他第一胜过更好，不同胜过更好。这个领域里面李连杰是第一人，所以想到中国功夫第一成龙，第二个又有李连杰，当初是李小龙。所以大家记住连人也是一样，靠行销。赵文卓为什么没能打进好莱坞？因为赵文卓的武打动作太像李连杰了，赵文卓是李连杰的师弟，走的套路跟李连杰一模一样，徐克导演曾安排两个人演同一部电影，赵文卓演坏人一下就被打死了，李连杰演到最后还没有死，为什么？李连杰是第一品牌。

甄子丹的知名程度有没有超过李连杰呢？没有。有没有红遍海内外呢？也没有。为什么呢？因为甄子丹的武打动作太像李小龙，也太像李连杰了，张艺谋找甄子丹拍电影，一出来英雄就被李连杰杀死了，李连杰演到最后还没有死，各位，看到没有？李连杰是什么第一品牌。假如李连杰、赵文卓、甄子丹三个人在一起同时对打，你们猜他们谁赢了，有人说李连杰赢，有人说赵文卓赢，有人说甄子丹赢，不知道谁的功夫真的好，但是他们三人在市场上比赛，李连杰赢定了，为什么？因为他用行销学赢的。

20世纪90年代香港的歌星最红的有四个人，有一个叫刘德华，有一个叫张学友，有一个叫郭富城，有一个叫黎明。这四个人为什么都红了呢？

我仔细研究了一下，刘德华最开始红的时候，是因为大家看他很英俊，很潇洒很帅，很酷，很有英雄气概，所以大家一看到刘德华，哇！好喜欢看他演的电影呀！当时张学友在刘德华身边只能演一个小配角，每天默默无闻，穷困潦倒，一天到晚借酒浇愁，烂醉如泥，这个时候他好几年都红不起来。有一天他很懊恼的时候出现了一个他生命中的贵人，他的经纪人跟他讲，张学友你要想红的话，你不要跟刘德华比帅，因为他先帅，就算你再帅，你也红不过他。我送你两句话，第一胜过更好，你不要跟他比帅；不同胜过更好，你要去找他的不同点。当时刘德华唱歌不太好听，张学友想：不同胜过更好呀，所以我要在唱歌类别成为第一人！他开始苦练情歌，《吻别》、《情网》、《每天爱你多一些》，结果红遍大江南北，成为另一个天王。大家想看帅看刘德华，想听情歌，可能就听张学友了，互相不要过界。这个时候第三个人姓郭，叫郭富城，他当年在电视台当个小配角，在别人的舞群里面当个小舞蹈演员，默默无闻，穷困潦倒，红不起来。他也觉得自己很帅，为什么红不过刘德华，他困扰了好久。有一天遇到一个经纪人，这个经纪人学过行销学，他跟郭富城讲，遇到我，算是你走运，我送你两句话，第一句话第一胜过更好，第二句话不同胜过更好，他说虽然你很帅，但是刘德华先帅，你会唱歌，张学友先会唱歌，所以你要找两个人不会的地方，进入另外一个类别当第一人。郭富城头脑里想这两个人不太会跳舞，我苦练跳舞，郭富城一出来，活蹦乱跳，舞林盟主，立刻成为第三大天王，大家想看跳舞看郭富城，听情歌找张学友，看帅哥看刘德华。

三大天王都成名之后，又出现一个人叫黎明，他曾经在电视台当演员，红不起来，唱歌也红不起来，他很懊恼。为什么呢？因为他是歌唱训练班出身，演员训练班出身的，却一直没有办法超过前三个人，他头脑里想该怎么办才好，他每天穷困潦倒，默默无闻，红不起来，一天到晚借酒浇愁，烂醉如泥，直到有一天遇到他的贵人。他的经纪人学过行销学。他的经纪人跟郭富城讲，我送你两句话，第一句话第一胜过更好，第二句话不同胜过更好，你不要跟人家比帅，你也不要跟人家比唱歌，你更不要跟人家比跳舞，你要找这三个天王没有的形象。黎明发现自己第一最年轻，第二最白，最嫩，最斯文，第三最高，看起来斯斯文文的，干干净净的，白白嫩嫩的，白马王子的形象。他一出来就装成很斯文的样子，大家看这三个天王没有这个形象只有黎明有呀，所以他立刻取胜，抢得观众的心。连乐百氏纯净水都找过黎明拍广告，可见黎明有多纯净。黎明最红的电影是什么电影？都是一些《甜蜜蜜》、《大城小事》之类的文艺片，为什么？因为他形象纯净嘛。至于他本人纯净不纯净，这我就不太清楚了，但是行销卖的就是形象卖的就是品牌卖的是印象，卖的不是产品品质，一旦你学会了行销学，你就变成了第五个天王。当时台湾有一个小男孩，穷困潦倒，默默无闻，借酒浇愁，红不起来。他有才华，会唱歌，会表演，但就是红不起来。他想超越这四个天王都超越不了，有一天他的经纪人跟他说，我送你两句话，第一句话第一胜过更好，第二句话不同胜过更好。他的经纪人学过行销学。他的经纪人包装他一下，跟他讲了一句话，你要想超越四大天王，超越华语所有男歌星，只有一个秘诀，就是唱一堆大家都听不懂的歌你就红了。所以这个小男孩一出来就唱“哼哼哈嘿”双截棍，听说叫周杰伦。各位，这个人为什么会迅速走红，身为全世界青少年的偶像呢？因为他跟所有人不一样，只要再有人跟他学他那一腔调那一咬字，别人会立刻说你学周杰伦。看到没有，歌星靠行销，产品好的卖不掉，产品不好也可以卖掉，为什么？会行销！歌星唱歌好听红不起来，歌星唱歌不好听也可以红，因为会行销！

行销学是你终极的竞争武器，不学行销学的企业家一定在未来会被淘汰掉，为什么？因为从你卖东西的时代已经转为顾客买东西的时代，靠三寸不烂之舌，人情推销，就想让顾客买东西，那已经过去时了，现在是顾客他自己决定买什么的年代，已经到来了。超市里面有这么多人向你推销，你谁都不会听，你自己到货架上选一个你最想要的品牌带回家。以前是供需法则，需求量大供应者少，只要谁来卖东西，都会畅销。现在是需求量虽然大，但供应者更多了，供大于求。你比品质、比服务、比价格、比品牌，自己来选，看看我要选哪一家，消费者自主选择的时代到了，这时候就要比赛看谁的行销能力强了，谁强谁就是老大。

第九章　顾客服务

第一节　口碑比媒体有效50倍

人更相信口碑，人不太相信厂家所做的广告，这叫口碑比媒体有效50倍，那这跟顾客服务有什么关系呢？

我们来看，大多数的企业都会把营业额提出一部分做市场营销费用，然而它的市场营销费用80%都会花在什么地方呢？开发新客户身上，也就是花在媒体上面做广告，宣传新产品，宣传公司，他们花在广告费上的钱是80%，他们只拿出20%左右的钱来服务老客户。

记住：口碑比媒体有效50倍，而一般企业却花20%的钱在老顾客身上，花80%的钱在新顾客的开发上面，因为它感觉要花重金才能开发出新顾客，这好像是正常的道理，因为开发市场比较困难，所以要花更多钱。

但事实上，**你应该颠倒过来才对，花在老顾客身上的服务费用80%，只有20%的营销费用拿来打广告就够了**，因为在比较无效的活动上面，少花点钱，在真正有效的口碑上面，你要花重金。如果你把80%的行销费用拿来放在老顾客的服务上面，老顾客开心，老顾客满意，他为你带来的口碑，为你带来的新客户的量，绝对比拿这笔钱去打广告，带来的新顾客的量还要更多，这是可以肯定的事实。

我自己也是这么做的，我要寻找100个新客户来参加我们的学习班，成为我们的会员，要投入的金钱跟时间，跟资源跟人力，我计算过，我只要从中拿出一部分来服务我的老顾客，我带我的老学员去旅游，我奖励他们出国学习，我带我的老顾客，参加其他人举办的活动，我把我的老顾客服务得非常开心，非常快乐，非常满意，他们可以立刻帮我带来100个他们的朋友来参加我的学习班。我利用口碑转介绍产生的新顾客，比我用在开发新顾客上面的钱多太多倍了，但是这是非常值得的。我们每次使用，每次都能看到效果的，所以这一个原则给你一个很重要的行事方针，就是把你的行销费用大部分放在服务老顾客上面，每个月每个年度，尽量花钱在老顾客上面，回报老顾客，回馈老顾客，让老顾客满意，他为你带来的新顾客量跟开发新顾客的这个费用比起来是大多了，而且这个钱节省多了，所以服务老顾客就是开发新顾客。

第二节　抓住顾客服务的关键点

做任何的事情，我们都要抓出关键点。

这方面，航空公司做得非常好，它们抓住了关键点。你一上飞机第一眼就会看到美丽大方的空中小姐，她们微笑说："欢迎搭乘南方航空。"就这样，一个微笑，在你风尘仆仆地走上飞机的时候，给你一个惊喜，于是呢，你印象里面就感觉航空公司的空服人员服务非常好，她抓住了关键时刻。你入座之后呢，她跑过来问你要杯橙汁还是要杯汽水。就在那一个微笑跟递汽水的过程中，你又感觉，哇！航空公司服务真好，她抓住了关键时刻。在你下飞机的时候她又会在门口说一声："谢谢搭乘南方航空。"于是那个美丽的微笑跟一个鞠躬让你在离开飞机的时候又回味无穷，搭乘这个航空公司的飞机真有宾至如归的感觉。这叫做航空公司的空服人员抓住了关键时刻，他们都接受过世界级的训练。

但是反观火车列车员，他们没有接受过世界级的服务训练，他们不懂什么关键时刻。我们想想看，火车列车员的工资高还是空服人员的工资高啊？当然是空姐的工资比较高。那我们再想想看，空中小姐她做了些什么？没做什么？只不过上飞机的时候笑一笑，只不过拿毛巾的时候笑一笑，只不过倒两杯水的时候笑一笑，只不过下飞机的时候，再笑一笑，就这几个关键时刻，她们只是随便笑一笑，却可以领这么高的工资，因为你感觉到服务好，你对她满意，你愿意付出这么高昂的机票钱，除了时间快速之外，他们就是服务好，他们其实工作很轻松没做什么特殊的事情。但是相比之下，列车员就辛苦多了，他们尽了心挨了骂，为什么会这样？因为他不懂关键时刻，他没有做过世界级的服务训练。

日本的百货公司，他们又抓住关键时刻了，他知道你要上二楼，他在二楼的这个电梯口安排几个人，电梯打开他就90度鞠躬，欢迎光临我们二楼楼层，请看女装部，你看完女装部，你要去五楼，于是你在电梯口他就帮你按好了往上的电梯，在你进去的时候他帮你按好了五楼，电梯门关上来的时候，他在你眼睛的视线的这个余光之下，跟你鞠90度躬，谢谢光临二楼，请到五楼购物，所以他鞠躬的时候直到电梯门全部关起来，他才恢复，你觉得他具体有做实质上的事情吗？没有，他就是对你的肢体动作好，然后感官好，视觉好，你这个听觉好，他只要做这一点事情，你就感觉他服务好了，为什么？因为他们抓住了关键时刻。

所以，你要分析出你的工作当中有哪些是顾客最在乎的关键点，第一见面时要怎么做，接电话时要怎么做，顾客有问题的时候要怎么回答，顾客有抱怨的时候你怎么解决，顾客生气的时候你怎么应对，顾客失望的时候你怎么弥补，顾客不买的时候，你怎么立刻的再给他更好的感觉，顾客帮你介绍人来的时候，你又怎么去对待他，这些几个关键点你做好了他就觉得你服务好，如果你分析出来了，在那几个关键点，你要拿出标准化的应对方法，所以教育你全公司的每一个员工，他们在遇到这样情况之下，他们就知道该怎么去让顾客满意。

第三节　公司制定政策的出发点

公司的政策以什么为出发点？ 每个公司政策制定者都要思考这个问题。

有一次，我在北京受一个企业的邀请，为他们的员工讲话。他们替我订了一个宾馆，因为他们可能比较忙，所以晚上才来开房，我下午就提早先到了。我拖着行李等他们的工作人员来酒店帮我开房，但他们说可能暂时过来不了，让我先去逛一逛，那我想说去北京逛一逛也可以，但是我拖着行李感觉不太方便，我就到前台去对他们的服务人员说，我想寄存一下行李，然后我人要出去一下，我晚上会回来，请你帮我寄存一下，他说先生我帮你寄存，没问题，请问你住几号房？我说我还没开房，晚上来会开房，你现在先帮我寄一下，我晚上会来，他说先生，很抱歉，我说怎么了？他说我们只帮我们的住客寄存，我说，你可能搞不清楚状况，我如果有房间了我还要寄存干什么？就是因为我现在还没开房所以我要先寄存，不过我晚上会来开房，我开了房就把行李拿进去了，他说先生抱歉，你先开房，我们才能帮你寄存，我说你可能真的搞不清楚状况，我如果开房了我就不用寄存了，你明白不明白啊，他说我明白，但对不起，我们宾馆政策规定，只帮住客寄存，因为你还不是住客，我们不能帮你寄存，你要先开房，我们就帮你寄存，我想说你们真的是太糟糕了，怎么拿出政策来搪塞我呢？

你想得罪顾客，赶跑顾客，最简单的一个方法就是常常对顾客说，这是我们政策规定，这句话我保证你马上赶跑顾客。

如果你是顾客，你听到人家对你说，这是我们政策规定，你有什么感觉？你感觉实在很无奈，很生气，对不对？你们政策关我什么事？那是你们老板规定你们员工的，可别拿来规定我这个客户，我是来消费的，我应该服务我让我满意才对，你们的政策规定来让你们得罪顾客的吗？你们政策应该规定来让你们去服务顾客，让顾客满意的才对吧？你们公司政策以什么为出发点？政策里面常常写，不准这个，不准那个来得罪顾客，问题是，你政策里面有没有写要让顾客快乐，要让顾客满意才是做生意的最高原则，才是经商的最高的宗旨呢？

你们公司政策以什么为出发点，这很重要，员工不想让你的顾客快乐，他只想不要被你惩罚，你顾客服务的这个政策里面定了太多不准这样，不准那样，他怕被你惩罚，于是他宁可牺牲顾客利益和牺牲顾客的满意度来做一个守规矩的员工，于是他不会被惩罚，但是你的公司却因此流失了太多顾客，所以记住你的公司的政策是关键点。

本书也不只是员工要看，上至老板管理层，下至员工应该全部都看，因为服务顾客的是一线员工，但是制定政策的是公司管理阶层跟老板，老板你政策定错误了，你努力叫他服务，他也不会好好服务，因为他要做个守规矩的员工，政策问题。

我说，前台小姐，我的朋友晚上会来帮我开房，我现在不能自己开房，因为他们招待我来这个地方住，要用他们公司的名义，这是他们跟我电话里讲清楚的，你相信我，我会来你们这边住的，你先帮我把行李寄存一下，给个方便，行不行？她说，很抱歉，我没有这个权力，我们政策规定，我说你是听不懂我讲话是不是？我行李在这边，我晚上当然会回来啊，要不然这样好了，我不回来的话行李就归你们了，那不就是我损失更大吗？啊，你们看管着我的行李，你还怕我不开房啊，她说先生，万一你晚上回来把行李拿走不开房怎么办？我说，哎呀你还不信任我，我莫名其妙跑来这边跟你耗这么久时间是想骗你的保管费呀？我说你们真是太死脑筋了，我太生气了，我对你们宾馆的服务太失望了，你们不是北京一流数一数二的饭店吗？不是国际大都市吗？不是2008年奥运举办城市吗？你们为什么会对顾客这个样子呢？她说实在很抱歉，我也不想这样，我们政策规定。

各位看到没有？员工没有权限，员工不想犯规，员工不想被惩罚，员工不想做错事，员工只想在老板心目中做个守规矩的好员工。

但是，员工却忘记了，老板聘请你来是包你让顾客满意的，是要你让顾客满意的，是要你帮他争取顾客的，不是要你帮他得罪顾客的，所以政策就算制定错误，各位员工你应该暂时地先让顾客满意，哪怕暂时违反政策，回头来再跟老板讲："老板，我违规是因为我要帮你照顾顾客，让顾客满意，顾客满意，你们的生意就会变好，老板，如果你觉得这样我错了，那我下次保证不会再去维护顾客的快乐跟满意了，如果你觉得我对的话，请你修改你的政策。"

各位，如果有员工这样和你讲话，你觉得，这个员工合不合格呢？当然是合格的员工。他不是以个人为主要的出发点来考虑，这样的员工如果老板不认可，他说不行，你违背政策了，你私自做主了，我就得惩罚你，他老板听不懂你讲的话，而做出这样的事情，我相信，这样的老板，你也不会跟随他太久，难道不是吗？

正在看本书的老板们，你的政策定得是否正确，这是我要你思考的很重要的一个问题。

公司的政策以什么为出发点，员工要学顾客服务的方法和态度，老板要有修订政策的理念和模式，当你把顾客服务建立起非常完善的系统之后，我相信贵公司开发新顾客不是问题，因为服务可以代替推销，服务老顾客也不是问题，因为顾客会被你保留下来，你会创造更长久的现金收入，老顾客会为你带来更多的新顾客，所以请做好顾客服务。

第十章　公众演说与谈判

第一节　公众演说是推销的最高境界

公众演说是出人头地的捷径，列位看官，如果你一对一沟通，你最多一次影响一个人，如果你擅长1对100沟通，你最多同时可以影响100个人，如果你同时对1000个人进行沟通，你最多可以影响1000个人，所以公众演说是出人头地的捷径。

比尔·盖茨在全世界每一站演讲的时候，一定会顺便介绍IT行业未来的大局势和消费者未来的需要跟走势，最后他会说明，微软公司推出未来最新的产品是什么，所以请大家开始下订单。《中国经营报》说比尔·盖茨是全世界最伟大的推销员，最有钱的推销员。

世界级的企业家都必须常常在电视公众面前来发表讲话，因为公众演讲，是传播理念，吸引人才，推广信念，增加知名度最快的方法，低成本、有效、快速、传播直接。

世界级的领袖都擅长公众演说，各行各业最杰出的领袖，都是公众演说高手，各行各业最伟大的人物，都是伟大的沟通专家。克林顿演讲完别人要投他一票；耶稣基督演讲完，别人要受洗，参加他的宗教，优秀的神父牧师演讲完，别人要捐献；毛主席演讲完，别人要参加革命的队伍。世界上各行各业伟大的领袖，都是伟大的沟通家，不管商业，政治文化经济教育科技财富艺术发明，所有成就最高的行业领袖，绝对无一例外，他们没有一个不擅长公众演说的，所以，**公众演说已经不是你超越别人的一项技能了，已经可以说是你必备的基本技能了**。

演说家分三种：第一种讲完话，别人鼓掌；第二种讲完话，别人可能会抄笔记；但一流的演说家讲完话，别人不只是鼓掌，不只是抄笔记，别人还去行动了。

演说家演说的目的，是要人采取行动，要别人投他一票，要别人笃信宗教，要别人捐献，要别人购买产品，要别人加盟他的团队或组织，要别人奉献出爱心去做慈善事业。伟大的演说家演讲完之后，别人是采取行动的。

如果你上台只是做产品介绍，公司介绍，我不认为这叫演说，这只是介绍专家，介绍一下产品，介绍一下公司，听完以后，别人考虑考虑。你要当的是说服性的演说家，有说服力的演说家，你要成为说服力大师，你要让观众在听完你讲话之后，迫不及待地站起来采取行动。

我利用公众演说，来招募人才，来推广我的产品，或者是提高知名度，建立我公司的经销体系。在短短11个月不到的时间，最近计算一下，已经创造大约八九百万的人民币的业绩了，我讲完话直接产生的业绩，就有八九百万，还不包含其他管道产生出来的销售额。

擅长公众演说者，是各大企业争相聘请的人才，擅长公众演说者，更是异性眼中最佳的梦中情人。擅长公众演说可以帮你倍增收入、网罗人才、募集资金、推广信念、增加知名度。它是企业领导人的必修课。

第二节　谈判是赚大钱最快的方法

企业的谈判能力，企业家的谈判能力，企业高级主管的谈判能力，也是创造现金收入最快的方法之一。

也许你会销售但利润来自谈判

东西卖出去了，只会产生营业收入不代表会产生利润。为什么？因为利润来自买卖之间，低买，然后高卖，你在买进的时候你要低价，你在卖出的时候你要高价，利润就在买卖之间产生了。但问题是，有很多人做了一年下来发现，怎么销售额有500万元，但是利润没剩多少呢？原来在买进的时候，你应该低买的，你却高买了，在卖出的时候你应该高卖的，你却低卖了。你的顾客会跟你讨价还价杀价，你就给了打折，所以你利润被他拿走了。所以买方卖方永远的对立问题，就是价格问题，在价格面前，买方卖方永远是敌人，买方想以更低价买进，卖方想以更高价卖出。你如果谈判输了，利润就被他拿走了。

销售和谈判是两码事，销售是建立别人欲望的过程，让别人想要买你东西，但是别人一旦想买你东西的时候，你用销售技巧就没有用了，这个时候，人家想跟你讲价，你要用的是谈判技巧，你才能保住你要的利润跟价格。

比方讲有一个人经过服装店说，哎呀你这个衣服这么贵呀，啊，你觉得是想不想买，他当然想买了，他讲这个干吗，他想讨价还价了，想谈判了，你如果这时候再用销售技巧是没有用的，我们品质第一啊，品牌大，我们这个服装厂是最好的，我们颜色好看啊，我们款式新颖啊，他会说你既然这么想卖，你给我便宜点。所以，**也许你会销售，但利润来自谈判**。

谈判是世界上赚大钱最快的方法，因为所得的每一分钱全都是净利。

我举个例讲。我曾经派人在北京帮我租一套房子，讨价还价，从每平方米三块两毛钱讲到三块一，讲到三块。我的主管跟我说杜老师，绝对是最低价了，一定可以签约了。我心里想，三块钱是可以签约了，但我希望能够再谈一点下来。我专程从上海搭飞机到北京，然后谈了两个小时全力以赴铆足全力，谈下来了五毛钱。

有些人可能会觉得杜老师啊，你花那么多时间谈这五毛钱干什么？我说，我租的是600平方米的房子，每平方米每天省五毛钱，一天我省多少钱，300元，一个月有30天，我一共省多少钱？9000元，一年有12个月，我一共省多少钱？10.8万元，我跟他签五年，我说你让我五毛钱，我就跟你签五年，因为我知道房东最想要的是长期而稳定的租客，虽然他嘴巴上故意讲说我不在乎你签多长时间，他虽然嘴巴上说我愁没有租客，虽然他嘴巴上说，这个空屋也无所谓，但事实上你是房东，你想不想有一个稳定长久的租客呢？你难道不害怕空屋吗？损失一年，可能损失10.8万元，你希望一年空着吗？损失一个月损失9000元，希望空几个月呢？所以我跟他说我跟你签五年，这是对他的一种奖励，他说你跟我签五年，好吧，我就让你五毛钱，所以乘以5，答案是54万元。各位，两小时我的净利是54万元，各位，这54万元叫做净利，这54万元的净利没有花费我多余的成本，我只用了两小时，用谈判得来的。谈判得来的每一分都是净利，谈判是世界上赚大钱最快的方法，假如我两小时的收入不到54万元，我利用那两小时去谈判你觉得值还是不值呢？你要有谈判的意识。

所有销售专家一定要学好谈判，否则利润会不保。教会我谈判的，是世界顶级的谈判大师，美国白宫的谈判顾问——罗杰·道森。他教我双赢谈判，什么叫做双赢谈判？你赢我也赢。但是除了双赢谈判之外，还有单方谈判，就是我赢定了，你100%要听我的。什么叫双赢？我们在吵这个橘子怎么分？你要的是橘子皮拿去做脸，我要橘子肉拿去吃，我们双赢，一人拿去一部分，所以皆大欢喜。但现实生活中不是这回事，你要橘子肉，我也要橘子肉，到底怎么分？你说一人一半公平吧？我说不公平，因为我劳动力比你多，凭什么你可以拿跟我一样多啊？你也会觉得不公平，智慧都是你出的，点子是你给的，凭什么啊，你功劳比较大？却和我拿一样多呢？一半一半也不公平，你多我少也不公平，你少我多也不公平，怎样才叫公平？每一个人心中的平衡点不一样，怎么双赢？你希望赢利，赢到最多利润，你赢了里子，让他赢了面子，你赢了钱让他觉得他也赢了，这是双赢，心理感觉问题。如何达到双赢？

我在课堂上做过一个练习。我把两个人分成一组，一个人叫A，一个人叫B。我给A一个游戏规则，就是我给你10万块你只要跟B谈成怎么合作，怎么分，5/5，6/4，7/3，8/2，9/1随便，你们只要谈成怎么分我就把这10万块给你们拿去分。现场分成好多组，谈完以后，有的人是A拿5，B拿5，有一种是A拿的多，B拿的少，比方讲6/4啊7/3，8/2，9/1，有的是A拿的少，B拿的多，A只拿1，B拿9，或者A拿2/8，或者3/7或者4/6。现场公布答案之后大家大吃一惊，为什么有人同样的时间同样的游戏规则却赚的钱比他多一万，多两万，多三万，多四万，甚至多五万，为什么有人少赚这么多钱，原来全部都是谈判造成的，没有所谓公不公平，只是你谈判技巧如何，让别人同不同意你的开口，如何开价，如何还价，如何让步？所有谈判的策略在我们的谈判课中详细讲解，我要让你知道的第一种叫双赢式谈判，让对方感觉他既有面子也不吃亏，事实上你也赢了，你赢得利益，他赢得面子，你赢面子，他赢面子。第二种叫单方谈判，什么叫单方谈判？你跟银行办信用卡，不用说这么多了，签不签约？签给你信用卡，不签，你不要有信用卡。你签约下去了，你就按时还款，不还款就照这个利润来罚你钱，照这个利率来罚你钱，你和银行不用谈了。这叫单方谈判，绝对的权力，只有你听话照做的份，没有协商的余地，这叫单方谈判。你跟政府坐下来谈，没有协商余地，我是政府，你就是听我的，这叫单方谈判。

但是，我在我的课程上面的活动非常多，你没有来参加现场版的课程，你可能感受不会那么深，但我希望你能尽量理解，同时我更欢迎你来参加现场版的课程。AB两个人面对面，在单行线上，A开车想往这里走，B开车想往这里走，互不相让，很狭长的一个街道，互不相让，怎么办？A说你先让我不让，B说你先让我不让。到底应该A让步让B过去还是B让步让A过去呢？这叫单方谈判，没有协商余地的，只有一方要让步，一方要前进，我的谈判课程上面训练你让对方让步的八种方法，让对方100%让步，你不用让步的八种策略，单方谈判绝对的权力，绝对的胜利，这不是罗杰·道森教我的。

我的另外一位谈判老师教我如何单方谈判，绝对的胜利，让对方绝对让步，绝对妥协。什么叫说服？说服就是我知道我要什么，你不知道你要什么。我说服你给我我要的东西，你自愿照我的话去做，这叫说服。什么叫谈判？谈判是不管你愿不愿意你都要照我的话去做。当领袖遇到领袖的时候，不是靠说服，谁说服谁啊？靠谈判，因为我知道我要什么，你也知道你要什么。克林顿见到江泽民主席，不是用说服的，谁说服谁啊？是用谈判的。邓小平见到撒切尔夫人，谁说服谁？不是用说服的，是用谈判的，不管你愿不愿意归还，你都要归还香港，这叫谈判。我们两岸将来的领导人见面，胡锦涛主席跟对岸的领导人见面，是用谈判来达成共识。

老板对员工可以说是说服，因为老板有说服力，老板知道他要什么，员工不知道他要什么，你只有照着老板的话去做，你被引导说YES。

但老板跟老板见面，谁说服谁啊？靠谈判，你头脑里有一个明确的想法跟目的，我头脑里有一个明确的想法跟目的，我们坐下来怎么样？我能达成我的目的，或你能达成你的目的，靠交换还是靠单方谈判？所以谈判是不管你愿不愿意，你都要照我的话去做的一种技术。谈判是顶尖人物必备的技能，谈判是高层人士的一堂必修课。

附录：

课程推荐

朋友：

您想打造赚钱机器，成为成交高手吗？杜云生创富教育机构为您准备了以下课程：

“绝对成交”、“绝对成交高级班”、“ 赚钱机器”、“公众演说”、“无敌谈判”、“20倍保证班”、“财富创造大会”、“向命运挑战”、“青少年创富班”、“NAC心理学”。

无论您参加哪个课程，都将受益匪浅，财富之流将如潮水般向你涌来，让你获得非凡的成就！请别错过每一个机会喽！

请来电咨询报名：020-86589479　13724012259

《绝对成交》课程简介

《绝对成交》实战课程，让您完成由销售业务到销售精英的蜕变！三天两夜，杜云生老师全程陪伴，倾力亲授！

第一天：

您将在第一天中为这套世界级的成交训练打下扎实的基础。杜老师将会在一天的时间中培养您坚实的发问基本功。在彻底纠正您错误的销售习惯后，训练您的发问技巧，像条件反射一样简单。基本功扎实后，才开始教您完美销售的具体步骤。

第二天：

杜老师将训练您如何大幅度地提高您在顾客心目中的信赖

感，教会您如何洞察人心和如何促使顾客下定决心，以及如何倍增产品价值的塑造方法。在第二天中，您会感受到：由于基本功的扎实，您的成交技巧已有大幅度的提高。

第三天：

在第三天的早上，您将参与一个游戏，它是如此地震撼您的大脑。一上午会冲击着您过去传统的销售习惯，彻底颠覆您对销售的看法。您会将发问的基本功轻松地应用到处理顾客抗拒的六大步骤上，并且您会看到您的成交技巧已经真实地为您带来收入和业绩。第三天的您，确实会迫不及待地想要冲出教室去成交顾客，把话说出去，把钱收回来。

两项承诺：1. 课后不满意退款　　2. 课后满意无数次复训

《赚钱机器》课程简介

《赚钱机器》——追求财务自由的终极课程！

第一天：打造赚钱机器的八大步骤

第一课　打造赚钱机器的八大步骤。决定你人生的命运方程式和人脑五大软件是什么？

第二课　所有致富的关键是什么？你为什么陷入为钱卖命却始终没钱的怪圈？

第三课　四两拨千斤的财富秘密。如何创造永续不断的财富管道和解决价值亿万的问题？

第四课　趋势：不可逆转的财富流向。时机：瞬间改写命运，该出手就出手。

第五课　决策力法。激发行动力的五大步骤。

第二天：将你的企业打造成自动印钞机

第一课　打造企业机器的八大关键。世界上有四种人，你属于哪一种？

第二课　企业的铁三角组织架构。赚大钱是团队运动。

第三课　如何几何式倍增企业业绩？《行销机器》创造第一品牌。

第四课　谈判：世界上赚大钱最快的方法。演讲：销售的最高境界。

第五课　系统：让你企业自动、完美、高效地运转。

第三天：财务自由的六大关键

第一课　创造财富的四种方法和财务自由的六大关键。

第二课　穷人、富人、中产阶级的花钱模式。如何一劳永逸地解决财务问题？

第三课　《时间的机器》如何越省力越赚钱？如何让时间投资获得最高回报率？

第四课　财道：吸引钱的定律。

两项承诺：1. 课后不满意退款　　2. 课后满意无数次复训